U0181897

现代测绘技术与国土资源信息应用

主　编：刘建军

副主编：程　颖　刘亚青

北京工业大学出版社

图书在版编目（CIP）数据

现代测绘技术与国土资源信息应用 / 刘建军主编 . ——
北京 ： 北京工业大学出版社，2022.11
ISBN 978-7-5639-8484-8

Ⅰ . ①现… Ⅱ . ①刘… Ⅲ . ①测绘学－应用－国土管
理－地理信息系统－研究 Ⅳ . ① P208

中国版本图书馆 CIP 数据核字（2022）第 186754 号

现代测绘技术与国土资源信息应用
XIANDAI CEHUI JISHU YU GUOTU ZIYUAN XINXI YINGYONG

主　　编：刘建军
责任编辑：张　贤
封面设计：知更壹点
出版发行：北京工业大学出版社
　　　　　　（北京市朝阳区平乐园 100 号　邮编：100124）
　　　　　　010-67391722（传真）　bgdcbs@sina.com
经销单位：全国各地新华书店
承印单位：唐山市铭诚印刷有限公司
开　　本：710 毫米 ×1000 毫米　1/16
印　　张：12.5
字　　数：250 千字
版　　次：2023 年 4 月第 1 版
印　　次：2023 年 4 月第 1 次印刷
标准书号：ISBN 978-7-5639-8484-8
定　　价：72.00 元

作者简介

刘建军，就职于内蒙古自治区测绘地理信息中心，测绘工程硕士，高级工程师。长期从事 GPS 领域、测绘航空摄影、摄影测量与遥感等方面的工作与研究。

前　言

　　"十四五"时期是我国全面建成小康社会、实现第一个百年奋斗目标之后，向第二个百年奋斗目标进军的第一个五年，也是测绘技术在国土资源信息管理方面快速发展的时期。测绘技术与国土资源信息管理结合发展，不仅可以为国家走好以生态优先、绿色发展为导向的高质量发展新路子提供技术支撑，还可以使获得的土地资源数据更准确、科学、合理，最终能为经济社会的发展提供更优质的服务。这也是将测绘技术与国土资源信息管理结合起来发展的重要原因之一。

　　鉴于此，编者编写了本书。本书首先阐述了现代测绘技术、国土资源管理的相关概念与发展趋势，然后介绍了三维激光测绘技术、资源三号卫星遥感影像高精度几何处理关键技术、条纹阵列探测激光雷达测距精度与三维测绘技术等，并从现代测绘技术角度出发，就国土资源信息管理系统、国土资源管理执法监察长效机制等内容进行了分析和研究。

　　本书共9章。其中主编刘建军（内蒙古自治区测绘地理信息中心）负责第一章至第五章内容的编写，计11万字；第一副主编程颖（河北省张家口市桥西区疾控中心）负责第六章和第七章内容的编写，计4.5万字；第二副主编刘亚青（内蒙古自治区测绘地理信息中心）负责第八章和第九章内容的编写，计4.5万字。

　　书中引用了许多参考资料，在参考文献中未能一一列出，在此一并致谢。

　　由于编者水平有限，书中难免存在不足之处，恳请同行专家批评指正。

目　录

第一章 绪 论

第一节 现代测绘技术概述

一、测绘的含义与分类

（一）测绘的含义

测绘即将现有地面界线、特征等通过相应技术手段绘制成位置信息和图形的方法。目前测量工作的核心技术为地理信息系统（Geographic Information System，GIS）技术、遥感（Remote Sensing，RS）技术以及全球定位系统（Global Positioning System，GPS）技术等，而一切测绘活动进行的基础都是 GPS 技术、计算机技术和通信技术，等等[①]。测绘结果通常能够为我国高效展开行政管理工作、工程建设规划以及地理国情监测提供指导和依据。

（二）测绘的分类

测绘有多种类型，所涉及的内容和范围也存在差异。典型的测绘有海洋测量、摄影测量、普通测量和大地测量等。要想获取相应地理信息，应有针对性地开展测绘。

（三）测绘的作用

目前，测绘在许多领域中得到了广泛应用，是经济发展与社会进步的标志。改革开放以来，我国测绘工作取得了很大的进步，在城市建设、土地资源、经济建设、生态环境等方面都有所成就。政府部门也可借助测绘成果进行宏观调控，做出科学、合理的决策。

---

① 史德杰，李云岭，吕言利.监测地理国情形势下传统测绘的发展［J］.科技促进发展，2012（2）：94-95.

目前，我国有统一的测绘标准，拥有动态卫星定位导航系统，有专门的测绘航空检测部门，测绘覆盖我国大部分国土。

测绘工作与人们的生活和工作息息相关。随着中国经济的不断发展，政府部门越发重视基础测绘工作。在建立完善经济格局的同时，我国需要加强获取大量的地形资料，使经济发展与环境建设步调一致。

我国测绘部门长期以来都以经济建设为工作重点，其所提供的测绘数据也被用于促进经济建设。因此，要不断完善基础测绘技术，从而提高经济效益、社会效益与环境效益。

二、测绘的工作应用

在我国，一般都是采用实地勘测，同时利用遥感卫星来监测国土私用情况和土地变化情况，被监测的国土面积接近总面积的20%。利用遥感卫星对土地进行拍摄监测，可以为土地资源管理提供相关的图文信息。在这些信息中，人们能够明确地分辨出小面积的土地处于何种状态（农田、森林还是城市群）。因此，测绘在国土资源管理的各个方面都扮演着重要的角色。

（一）土地规划

在国土资源管理中，土地规划是一项烦琐、复杂的工作，包括土地信息的收集、土地实图的绘制、信息与地图的整理。这些复杂的工作只有依靠测绘技术，才能在短时间内得以完成。测绘技术在这些工作中扮演着先驱工作者的角色，为土地规划提供各种有价值的数据信息。对不同时间段中遥感卫星发送回的图片进行整理，并进行科学合理的分析，分析结果有利于国土资源管理部门对乡镇城乡建设发展情况进行了解，从而改进相关发展政策。

（二）土地使用

人们通过遥感卫星与GPS定位技术对土地进行监测，取得土地使用情况的图像和信息，并进行及时的实地勘察，将发生变化的土地信息在图纸上表现出来，从而使调查情况与实地状况一致。这样可以有效地为土地划分界线，明确权属，使土地使用面积和所在位置达到该阶段发展的要求。

（三）土地监管

利用遥感卫星对土地进行拍摄监测，可以对耕地建立信息系统，使其能及时反映耕地保护区内的各种违章违法行为，对耕地进行保护。

（四）地质环境监测

地质环境监测是对地质灾害突发区进行测绘工作，根据得到的结果对该地地貌特征做出分析，调查该地区的土地环境，对地质灾害的发展做出预测，并在地质环境的检测过程中提供有效依据。[①]

（五）资源勘探

中国素来有地大物博之称，说明除了国土面积广以外还有矿产丰富的特点。在现今社会中，矿产资源是体现一个国家国力强弱的主要标志之一，因此对于矿产资源的勘探开发也变得尤为重要。随着测绘技术的不断创新发展，地质调查所能提供的区域地形图得到了完善，完全可以满足调查需要。

（六）电子政务系统建设

为了实现国土资源管理系统朝着现代化、科技化的方向发展，国土资源政务系统已由实质化向电子化转移。建设电子政务系统，需要大量准确的信息，这些信息都将由测绘技术来提供。

第二节 国土资源管理概述

一、国土资源概述

（一）国土资源的定义

国土资源有广义和狭义之分，广义的国土资源主要是指主权国家管辖范围内的一切自然资源、经济资源和社会资源的总称；狭义的国土资源主要是指自然资源，土地资源、矿产资源、海洋资源、水资源、生物资源等都属于自然资源。

（二）土地资源管理

土地资源管理是指国家相关职能部门在对土地储量、土地利用形势进行宏观把握的基础上，为维护土地权属关系，提高土地利用所产生的生态、社会和经济效益，综合运用行政、法律、经济、技术等手段，对土地进行的利用规划制定、利用过程监察、利用效果评估的行政行为过程。[②]

---

① 董亚亚.现代测绘技术在地质矿产测绘中的应用探究探析构建［J］.世界有色金属，2021（5）：27-28.
② 郑峰.现代城市土地资源管理［J］.合作经济与科技，2020（20）：111-113.

本书所述国土资源管理主要指的是 1998 年国土资源部（2018 年 3 月改为自然资源部）成立后对土地资源、矿产资源、海洋资源等自然资源的综合性规划、管理、保护与合理利用的行政管理过程。国土资源管理行为作为政府职能部门的管理行为，是一种行政行为、公共管理行为；国土资源管理主体是政府职能组织；国土资源管理客体是围绕国土资源开发、利用而发生的行政事务与公共事务。

二、国土资源管理的原则

国土资源管理的原则是指为实现国土资源管理的目的而进行的开发、利用、治理、保护等活动的行为规范，是国土资源管理活动的基本依据，也是每一个管理者运用各种管理手段和方法时应遵循的准则。具体地说，国土资源管理的基本原则如下。

（一）管理职能划分原则

自然资源部对国土资源负有开发监督、合理利用和保护的责任，有依法维护国家对国土资源权益的职责。市场经济的发展迫切需要一个拥有较高权威、具有法律授权和专业技术管理能力的国土资源综合管理部门统一行使所有权管理，只有这样，才能真正实现统筹规划国土资源的开发利用，才能实现国家的宏观调控。在传统体制下，政府各个产业部门把行政职能和所有权职能集于一身，以行政职能代替所有者的职能，从而淡化了对所有权的管理。因此，想要加强国土资源的管理，首先就要使国土资源的所有者职能从行政职能中分离出来、独立起来，使之成为一种和行政管理职能不同的、独立于行政管理职能之外的并且与行政管理职能并立的职能。

（二）分类指导原则

由于国土资源是由土地资源、气候资源、水资源、生物资源、矿藏资源、海洋资源等组成的复杂系统，在这个系统中各类资源具有不同的特点，表现出各异的形态和变化规律，其作用方式及对人类社会的影响也是不同的。因此在国土资源的管理上必然要求按照不同资源的特点和性质实行分类指导，只有这样，国土资源的管理才能落到实处，国土资源的管理政策才能做到有的放矢，国土资源的管理措施和手段才能行之有效。

（三）资源管理与资产管理并重原则

国土资源具有资产和资源两重性。因此在实施国土资源管理时必须贯彻资源管理与资产管理并重的原则。所谓国土资源的资源管理是指从国土资源作为国民经济和社会发展的源泉和潜力的角度对国土资源实施的管理。资源管理更侧重于国土资源物质实体的勘察、开发、利用、治理、保护。国土资源的资产管理有三重含义：第一，是指对国土资源作为生产要素在投入产出过程中的管理；第二，是指对国土资源作为一项财产实施的产权、产籍管理；第三，是指将国土资源作为一种资产，对其所有者和使用者在占有和开发、利用的过程中实现其经济权益的管理。资产管理更侧重于对国土资源权属和价值的管理。资源管理与资产管理是国土资源管理的两个重要方面，缺一不可。

（四）整体协调原则

国土资源管理体制要有利于合理协调中央和地方、资源的所有者和使用者等利益主体的利益关系，有利于国土资源的优化配置和整体开发、合理利用，把国土资源优势真正转化为经济优势，促进国家和地方经济的发展。另外，国土资源的管理还应有利于各资源管理部门的相互协调，在统一规划、分类管理的基础上，实现国土资源从地面到地下、从陆地到海洋的统一管理，使国土资源整体的开发、利用、治理、保护得到全面协调的发展，从而全面推进经济社会的可持续发展。

三、国土资源管理的方式

（一）国土资源的法制管理

过去我国资源及资源产业的管理主要采用的是行政手段。随着形势的发展，单一的行政手段已难以驾驭资源管理、产业管理和相应的开发利用管理日趋复杂的局面。因此，加强法治建设、增强法治观念，应成为当前国土资源法治管理的重要内容。改革开放以来，我国已相继制定了一系列国土资源管理方面的法律。今后一段时期，国土资源法治管理的重点应是对已有法律执行情况的检查和对已有法律中个别不适应形势发展需要的条款进行修订。

（二）国土资源的行政管理

国土资源的行政管理是指国土资源的行政管理机关依法对国土资源开发、利用、治理与保护中的国家事务实施的有组织的管理活动。行政管理是国家行政职能的重要方面，它是以国家的名义通过法律的形式实施并以国家强制力为保证的。随着社会生产和经济生活的不断发展和进步，国土资源行政管理的方式和内容也应及时调整和转变。过去相当长一段时期，我国国土资源行政管理方式主要是以直接管理为主管理范围，过宽属性模糊造成宏观管理过粗、微观管理过细。社会主义市场经济要求政府职能由单纯管理型向管理服务型转变，为适应这种变化，国土资源行政管理应主要围绕以下内容展开：第一，制定国土资源的开发、利用、治理和保护政策；第二，组织开展国土资源的调查与评价；第三，组织编制国土资源的开发、利用、治理和保护总体规划；第四，实施国土资源的产权、产籍管理；第五，对特殊国土资源开发、利用的审批管理；第六，对国土资源的勘探权、开发权、使用权交易市场的管理；第七，监督检查国土资源有关法律、法规的执行和遵守情况并依法对违法行为进行行政处罚；第八，处理国土资源的行政诉讼与纠纷仲裁。

（三）国土资源的经济管理

在社会主义市场经济条件下，国土资源的经济管理具有越来越重要的地位，并将发挥越来越大的调控作用。当前加强国土资源的经济管理应改革国土资源的经济管理体制，转换国土资源的经济运行机制，充分发挥市场在资源配置中的基础性作用，运用多种经济手段对国土资源进行调控和管理，最大限度地提高资源的利用效益；实行资源的有偿占有和有偿开发利用制度；培育和完善国家调控下的资源性资产的产权交易，市场逐步形成统一开放、竞争有序的国土资源市场体系；积极发展中介组织；充分发挥经济杠杆的作用，最大限度地调动经营、使用资源的单位和个人的积极性，促进资源的优化配置，使有限的资源得到最大限度的合理利用。

（四）国土资源的技术管理

国土资源是社会经济发展的物质基础，只有与科学技术结合，资源效益才能充分发挥出来。就矿产资源而言，由于采用新理论、新方法、新技术，一些过去难以发现的矿床被发现，矿床勘探开发的深度在不断增加，可采品位在不断降低。现代新技术革命中的生物技术、海洋技术等可能对国土资源开发带来质的飞跃。因此加强国土资源的技术管理，以科技为先导开发新资源，寻找资源替代品充分发挥资源效益具有十分重要的作用。

国土资源技术管理主要包括：制定国土资源的开发、利用、治理、保护的技术政策；组织制定国土资源的开发、利用、治理、保护的有关技术标准、技术规范；积极推进科技进步，加强基础性研究组织有关新技术、高技术的应用研究，组织力量对有重大经济效益的项目（如贫铁矿的选拣利用、有色金属矿的综合回收利用、海水的综合利用等）进行攻关并对这类项目进行风险性投资；组织建设国土资源信息系统，运用现代化的技术和手段提高信息收集、整理、加工和利用的水平。

第三节　现代测绘技术与国土资源管理的发展趋势

一、现代测绘技术的应用发展趋势

（一）空中摄影测量技术中的应用发展趋势

当在三维地面的主体模型中运用空中摄影测量技术后，可使其范围更为广泛，发展空间更为广阔。三维地面主体模型若想实现成功拍摄，必须将航测相机和激光扫描仪紧密相结合，同时在后期处理过程中，还需要利用卫星定位系统进行后期处理和分析，这种三维地面主体模型应用广泛，不仅可用于工业精密仪器，还可用于大型物体的外形测绘。

近年来，随着科学技术的迅速发展，地图学发展获得了一定的帮助，发展更加完善。现代地图学发展方向主要是多层次、多领域、多时态。同时在多媒体信息技术、现代测绘技术的深入发展背景下，地图学的发展领域也更加广阔。从地图学发展的整体情况来看，地图学未来的发展目标主要是发展地图设计和专家分析系统，若想实现这些发展目标，必然离不开各种遥感技术、信息勘测技术等的支持，因此地图学的发展必然需要以现代测绘技术为基础[①]。

（二）海洋测绘技术的应用发展趋势

从我国资源总体情况来看，地大物博是主要特点，其中海洋资源可以称为发展研究的重中之重，因此海洋资源的开发是现代研究的主要方向和目标，若想更好地实现海洋资源开发，必然离不开现代测绘技术。海洋地域广阔，资源丰富，技术必须朝着更加完善、更加精细的方向发展，这就对海洋测绘技术发展提出了更高的要求。在运用了定位系统后，海洋资源的定位和测绘比之前更加精准，遥感技术的运用也使得海洋资源开发的准确度大大提升。各种信息技术和海洋测绘技术相结合，将有助于建立更加完整的海洋信息系统，只有信息系统更加完善，才能够为之后的资源测绘技术提供更多的数据支持，推动资源开发工作向前推进。

（三）GPS、GIS、RS技术的结合性应用发展趋势

GPS即全球定位系统的英文缩写，该系统能够实现全球定位，覆盖率高，且

① 刘斌.现代测绘技术的作用及发展趋势分析［J］.住宅与房地产，2017（23）：205.

快速、高效、功能多、应用广泛。GIS 即地理信息系统的英文缩写，GIS 技术在计算机软件技术的支持下，能够实现地表及地底的地质勘测和数据分析，并广泛运用于城市建设、公共设施建设及交通等领域。RS 即遥感的英文缩写，RS 技术主要是通过电磁波实现勘测的。将以上三种技术进行结合，能够使得地理信息的勘测工作效率更高，精确度更高，同时还能够实现数据的自动采集和自动处理分析，为各个学科的深度研究提供理论基础[①]。

总之，在科学技术快速发展的背景下，现代测绘技术理论发展愈加完善，测绘技术水平逐渐提升，同时应用范围也更加广泛，可以说各行各业的发展都需要应用现代测绘技术。目前我国现代测绘技术虽然取得了一定的发展成效，但面临的问题仍然很多，需要解决各项缺陷以实现测绘技术的现代化运用。

二、国土资源管理的整体发展趋势

（一）管理模式——向综合型和协调型转变

"条条"式集权→"块块"式下放→推行垂直管理→大部门综合协调成为政府管理体制改革的总体脉络，而以综合协调为主要特点的大部门管理体制，将是未来中国管理体制改革的基本趋势，这也给国土资源管理的改革与发展指明了方向。国家管理体制的改革是在充分认识了集权式的"条条"式计划经济体制的弊端后，不断下放权力、激发地方政府发展活力的过程。为了重构中央和地方关系，保证中央政令畅通，国家先后对工商、审计、国土、安监等十几个部门再度上收权力，实施垂直管理。但这仍然难以破解当下中国社会一系列紧迫的问题。于是，国家开始探索按职能关联情况建立统一的大部门体制，着力解决在大部门系统内部通过协调机制解决管理问题。政府管理体制由此迈向了以综合协调为目标的发展方向，同时也给国土资源管理改革与发展提出了新的要求。

（二）管理职能——向"透明型"和"服务型"政府转变

经济调节、市场监管、社会管理和公共服务是社会主义市场经济条件下政府的主要职能。大力推进管理方式的改革，积极推行政务公开，建设"服务型政府"将是政府管理的主要形式。国土资源管理改革将更加注重以人为本，促进经济社会和人的全面发展，更加注重转变和正确履行政府职能，更加关注和回应国土资源领域的民生问题，更加强化社会管理和多种服务。

---

① 李庆峰.现代测绘技术的作用及发展趋势探讨［J］.价值工程，2017，36（14）：200-201.

（三）管理方式——向贴近宏观经济和社会发展转变

国土资源管理不断强调统筹资源保护与资源保障，即国土资源管理由过去侧重于各类行政审批和程序性工作，转向越来越重视国土资源管理与经济社会发展上来，特别是自从被国家赋予参与宏观经济调控的职能之后，国土资源管理开始参与到国家宏观经济调控中来。过去仅从保护资源的角度制订各类规划计划，而较少考虑宏观经济发展需要的做法不再适应新形势的需要。国土资源管理不能站在资源视角管资源，而应在保护资源和关注宏观经济态势的同时，关注资源开发的各个环节和资源产品的供需形势，承担保护资源、保障发展的双重职能。

（四）管理手段——向政府调控和市场配置型相结合转变

金融危机的出现带给我们一个思考。虽然在政府的职能设置上，一些专业性较强的政府不应插手的职能逐步被剥离，推行政事分开、政企分开，政府的权力应当放开，国家经济和社会的发展需要让市场对资源配置起基础性的作用，但是，过度地放任市场解决，缺少政府监管，又会陷入混乱，甚至引发危机。所以，充分发挥政府部门的主导作用是我国社会主义市场经济体制的显著特点，即在国家宏观调控的前提下，让市场对资源配置起基础性作用。只有在政府部门的规范引导下，市场供求关系才能发挥出最佳的效能。自然资源部门作为参与宏观调控的政府机构，需要在充分认识市场规律的同时，积极调整政策，加强宏观调控，引导市场合理配置土地资源和矿产资源，最大限度地发挥资源的基础性作用。

（五）管理理念——向资源、资产、资本"三位一体"管理转变

在现代市场经济条件下，国土资源既是资源，又是资产，更是资本，集实物形态和价值形态于一体。同时，随着市场经济的发育和强大，作为价值形态的资本作用更为突出，人们利用国土资源进行投资或投机的行为也越来越广泛。因此，为适应经济发展要求，国土资源管理也应改变过去传统的资源管理方式，逐步由注重资源、资产属性管理向资源、资产、资本属性"三位一体"管理转变。

第二章　城乡一体化地籍信息系统理论与方法研究

第一节　地籍管理技术的演变

一、地籍的概念及其基本特点

（一）地籍的概念

"地"指土地，为地球表层的陆地部分，包括海洋滩涂和内陆水域，"籍"有簿册、清册、登记之说。在各个历史阶段以及各种书籍中，对地籍的定义各不相同，随着社会生产力的发展和科学技术的进步，人们对地籍的认识和理解也逐步加深，其内涵也得到了丰富。国内外对地籍概念研究很多，综合地籍的各种说法可知，最早的地籍是税收地籍，而后延伸发展到产权地籍、多用途地籍或现代地籍，以至现在的数字地籍。地籍作为某种用途的簿册的含义，至今仍未改变，但是，随着社会的发展，地籍的概念和内容却有了很大的发展。现代地籍是税收地籍和产权地籍的进一步发展，其目的已不仅是课税或产权登记服务，更重要的是为土地的有效利用，为全面、科学地管理土地提供信息服务；不仅包括课税对象的登记清册，还包括了土地产权登记、土地分类面积统计和土地等级、地价等内容的登记簿册图。数字地籍的发展是为了实现城乡一体的地籍管理信息化。

"地籍"一词在国外最早的出处有两种观点：一种认为来自拉丁文"caput"和"capitastrum"，即"课税对象"和"课税对象登记簿册"；另一种认为源于希腊文"katastikhon"，即"征税登记簿册"。在英国、法国、德国、俄罗斯等国文字中，地籍为土地编目册、不动产登记簿册或按地亩征税课目而设的簿册。在美国，地籍是指关于一宗地的位置、四至、类型、所有权、估价和法律状况的公开记录。日本则认为地籍是对每笔土地的位置、地号、地类、面积、所有者的调查与确认的结果加以记载的簿册。国际地籍与土地登记组织提出的地籍含义是在中央政府控制下根据地籍测量测得的宗地登记图册。1995 年，由曾胜利翻译的国际测量师联合会工作小组的《关于地籍的论述》建议稿认为："地籍是政府监管的，以土地为基础的土地信息系统。"

在我国，不同学者对地籍的定义也各不相同，但内涵都有相似之处。唐代著名训诂学家颜师古将《汉书·武帝纪》中"籍吏民马，补车骑马"的"籍"注为"籍者，总人籍录而取之"。所以，地籍最简要的说法是土地登记册。在我国历史上，籍字也有税之意，即税由籍而来，籍为税而设。1979 年出版的《辞海》把地籍称为"中国历代政府登记土地作为田赋根据的册籍"。1993 年，学者严星、林增杰在他们主编的《地籍管理》中指出："地籍是记载土地的位置、界址、数量、质量、权属和用途（地类）等基本状况的簿册。"[①] 此处地籍所表达的对象仅有土地，主要满足土地管理的需要。1996 年，学者钟宝琪、作林等在其编著的《地籍测量》中认为："地籍是记载土地及其附着物的位置、类型、界址、数量、质量、权属和用途等基本状况的文件，及土地的簿籍与图册。"1999 年，学者杜海平、詹长根、李兴林在其编著的《现代地籍理论与实践》中对我国现代地籍（亦称多用途地籍）的定义为："地籍是国家监管的，以土地权属为核心，以地块为基础的土地及其附着物的权属、位置、数量、质量和利用现状等土地基本信息的集合。"[②] 2005年，学者林增杰等编著的《地籍学》对地籍的解释为，地籍是指国家为一定的目的，记载土地的权属、界址、数量、质量等级和用途地类等基本状况或称地籍五大要素的图簿册。2006 年，学者简德三等在其编著的《地籍管理》中提出，地籍是指国家为一定的目的而对土地的位置、界址、权属、数量、质量、地价和用途等基本状况加以记载的图册。综上所述，本书认为地籍的含义可概括为：一是它是一种记录图簿册；二是它反映了土地的权属状况和土地的利用状况；三是它为国家行政管理服务；四是土地权属管理是地籍管理的核心，地块是地籍管理的基础。只有明确了这些，我们才能更好地开展地籍信息的研究和管理工作。

（二）地籍的基本特点

地籍是土地的"户籍"，它不等同于其他户籍而具有自己的特点，如它的空间性、法律性、精确性和连续性等。

---

① 林增杰，严星，谭峻.地籍管理［M］.北京：中国人民大学出版社，2001：3-4.
② 杜海平，詹长根，李兴林.现代地籍理论与实践［M］.深圳：海天出版社，1999：13-20.

1. 地籍的空间性

地籍的空间性是由土地的空间特点所决定的。土地的数量、质量都具有空间分布的特点。土地的存在和表述必须与其空间位置、界线相联系。在一定的空间范围内，地界的变动，必然带来土地使用面积的改变，各种地类界线的变动，也一定带来各地类面积的增减。所以，地籍的内容不仅记载在簿册上，同时还要标绘在图纸上，并力求做到图与簿册一致。

2. 地籍的法律性

地籍的法律性体现了地籍图册资料的可靠性，如地籍图上的界址点、界址线的位置和地籍簿上的权属记载及其面积的登记等都应有法律依据，甚至有关法律凭证还是地籍的必要组成部分。

3. 地籍的精准性

地籍的原始和变更资料一般要通过实地调查取得，同时还要运用先进的测绘和计算机方面的科学技术手段，才能保证地籍数据的准确性。

4. 地籍资料的连续性

社会生产的发展和建设规模的扩大，以及土地权属的变更，都会使地籍数据失实。所以，地籍不是静态的，必须经常更新，保持资料的记载和数据统计的连续性，否则难以反映它的现势性。

二、地籍管理的概念与管理方式的演进

有史以来，地籍最简单、最直观的表现形式是图簿册，图是地籍状况的空间位置描绘，簿册是土地状况的集中反映，它们都是地籍管理的手段和工具。

随着社会经济发展和科学技术的进步，地籍管理的内容和管理方式也在改变，地籍管理的内容更加翔实、地籍管理的方式更加现代化。随着计算机技术的发展与应用，地籍管理手段的自动化水平大大提高，地籍信息由实地调查信息、手工记载、纸质档案保存、人工管理，发展到高科技获取地籍信息、计算机处理、电子记录、电子和纸质档案并存、信息系统管理。建立以计算机信息处理为平台的地籍数据库和信息系统，可以实现数据采集、处理、更新的自动化和信息化，从而实现地籍管理逐步向信息化、系统化、法治化、产业化迈进，这是地籍管理发展的趋势和方向。

（一）地籍管理的概念

地籍是记载土地基本状况的图册，地籍管理是指国家为建立地籍和研究土地的自然状况、权属状况和经济状况而采取的以地籍调查、土地登记、土地统计和土地分等定级为主要内容的一系列工作措施的总称。简言之，地籍管理是地籍工作体系的总称。

古今中外虽未有地籍管理的相同提法，但有类似的称谓，它是客观存在的。有的国家称之为地籍工作、地籍业务，有的则是指它的某项工作，如地籍调查工作、地籍测量、土地登记工作、土地分等定级工作和土地统计工作等。地籍管理，就是将土地之种类、形状、面积、位置、性质、使用状况，以及权利状况等详细调查测量后，登载于有关图册，借以确保人民产权，并作为课征土地税、推行土地政策之依据，为土地行政之基本工作。例如，苏联国立里沃夫大学出版联社 1980 年出版的高校土地管理专业教科书《地籍》中称地籍工作是通过土地使用登记，土地数量、质量统计，土壤鉴定和为在国民经济中合理组织土地利用而进行的土地经济评价，对土地的权属、自然、经济状况进行全面研究的国家措施体系。

综上所述，地籍和地籍管理是两个概念。地籍是指土地清册，是记载土地基本状况的地籍图册。地籍管理是指国家为研究土地的权属、自然、经济状况和建立地籍图、簿册而实行的一系列工作措施。地籍管理是土地管理的基础，是进行土地利用管理、土地规划管理的必要条件。它是国家为取得地籍的有关资料和为全面研究土地的法律、自然经济状况而进行的以土地调查、土地登记、土地分等定级、土地统计、地籍档案管理等为主要内容的一系列土地行政工作。其主要目的是保障土地的权属关系，对土地收益进行合理分配，最终实现土地资源的优化配置。

地籍管理的内容是与一定社会生产方式相适应的，一方面取决于社会生产水平及与其相适应的生产关系的变革，另一方面也与一个国家土地制度演变的历史有关。在一定的社会生产方式条件下，地籍管理作为一项国家的地政措施，有特定的内容体系。在我国几千年的封建社会中，地籍管理的内容主要是为制定各种与封建土地占有密切相关的税收、劳役和租赋制度而进行的土地清查、分类和登记，到了民国时期，则以地籍测量和土地登记为主要内容。新中国成立初期，地籍管理的主要内容是结合土改分地，进行土地清丈、划界、定桩和土地登记、发证等。以后，地籍管理则逐步从以地权登记为主转为合理组织土地利用提供有关土地的自然、经济和权属状况的基础资料，以开展土壤普查、土地评价和建立农业税面积台账为主要内容。随着我国社会主义现代化建设的发展，地籍管理的内容也在不断地加深、扩展。根据我国基本国情和建设的需要，现阶段地籍管理大致由以下几个部分组成：土地调查（土地利用现状调查、城镇地籍调查和土地条件调查）、土地登记、土地统计、土地分等定级估价、地籍档案管理。

从全国范围看，我国现阶段地籍管理正处在从多用途地籍管理向数字地籍管理发展的过渡阶段，同世界各先进国家相比，在某些方面还有一定的距离。当前，我国地籍管理应在开展城镇地籍管理和农村地籍管理的基础上，以地籍管理信息化为手段，以城乡一体化地籍管理为目标，建立符合我国基本国情需要的地籍管理新体系。

（二）地籍管理的方式

1.传统地籍管理方式——手簿式管理

传统的地籍管理方式主要是人工作业，人要到实地踏勘、现场调查获取地籍信息，步量、仪器测量、计算长度和面积，手工登记簿册，绘制地籍图。这种方式费时、工作量大、速度慢、精度低，是当时技术条件下地籍工作的重要方式。

2.现代地籍管理方式——地籍管理信息系统

随着现代科学技术的发展，地籍管理方式发生了重大改进和变化，如通过空间技术信息（GIS、RS、GPS等）获取地籍信息，运用计算机技术和网络技术进行空间信息和属性信息处理，数字化、自动化绘图，实行地籍管理信息系统业务管理。

地籍管理信息系统也随着技术和时代的进步在发展。传统的地籍信息系统往往是以地籍制图为目的，或者是单纯以数据管理为目标，个别系统也考虑为地籍登记发证等专门提供部分功能模块，主要是面向制图、面向数据、面向功能，没有将地籍信息系统作为一个有机的整体来考虑。作为数字地籍，与之相应的现代地籍管理信息系统，其特点是面向整个业务过程、面向整个地籍管理、面向实现地籍信息共享。

（三）地籍管理的主要技术手段变化

1.测绘手段

地籍测绘历来是地籍管理最基本的技术手段。从地籍的产生开始，就离不开土地界线的丈量和面积量算。随着现代科学技术的发展，地籍测绘工作逐步从最简易的丈量发展到用仪器测量，从简单的经纬仪导线测量、小平板测绘发展到用电子速测仪完成地籍测量的全过程。测绘技术的进步、测绘手段的不断更新，大大提高了测绘的速度及测绘成果的质量。

2. 图册手段

地籍最简单的定义是登记或记载土地基本状况的图、册。图主要是指地籍图，此外还有土地利用现状图、土地权属界线图、宗地图、土地证的附图以及土地遥感监测图等。册是指地籍簿或土地清册等。所以，图、册历来是地籍管理的基本手段或工具。未来，科学技术水平达到一定高度时，虽然可以大大提高图、册的质量，减少它们的编制程序和工作量，但也不能完全替代图、册这一重要手段。

3. 计算机手段

计算机技术的广泛应用，大大推动了地籍管理手段的自动化水平。建立以计算机为手段的地籍数据库或地籍信息系统，可以实现数据的采集、处理，地籍图的编绘和更新，以及数据库应用等方面的自动化。它是实现我国地籍管理科学化、现代化的重要目标。

第二节　城乡一体化地籍信息系统技术应用研究

一、工作流技术

（一）工作流概念

工作流技术是实现地籍窗口办文系统的关键技术。根据"国际工作流联盟"的定义，工作流是指一定组织和机构内，文档、信息或任务按照一定系列已定义的规则和按一定的时序在参与者之间传递以实现整个业务目标的自动化过程。

工作流思想源于企业的流程化生产线方式。地籍管理日常业务中的土地登记业务和工厂生产流程有着很相似的地方，权属初审→权属审核→审批→缮证→收费颁证。所不同的是，土地工作的业务对象是大量业务数据和业务资料等信息化对象，而工厂生产的则是实实在在的产品对象。如果用计算机把流程确定下来，甚至将业务数据和业务资料全部用计算机来实现自动传递，那么国土资源部门的地籍管理，就可以采用与工厂生产流程一样的管理方式来进行有序管理。借信息系统将这些流程事先定制在数据库中，所有参与办公的人通过计算机网络共享这些流程。计算机能帮助业务人员传递业务信息，业务人员能够更严格地共同遵守流程，不至于出差错。同时系统能将办公过程也记录下来，就可以对每一个业务进行实时监控。

工作流由流程定义、流程相关数据定义、流程控制和流程监控等模块构成。流程定义模块实际上是工作流程系统的管理模块，可以定义机构组成、人员与角色、流程、子流程、活动的输入输出条件和活动所调用的模块，并保存在工作流定义数据库中，可实现对工作流或办事程序的调整，不用编程。工作流控制模块根据流程定义数据库的内容控制流程和活动执行，并将各种执行情况保存在工作流实例数据库中，以便控制流程的下一个活动，同时根据活动定义的模块自动调用应用程序模块，实现工作流过程中应用程序的自动调用。

（二）工作流结构与构成

根据对工作流定义的分析，工作流系统主要由三部分组成，即流程定义和维护子系统、流程流转和经办子系统、流程督办和监控子系统。

根据工作流的定义和工作流的三个组成部分，可以看出，工作流思路的引入为建立窗口办文系统和城乡一体化的地籍信息系统提供了崭新的思路，从而实现了工作流的可定制、可调整，业务流转过程可监督，业务情况可查询，工作情况、工作效率可统计，便于业务系统和流程管理的结合。

（三）工作流技术在城乡一体化地籍信息系统中的应用

1.工作流的应用

根据工作流系统的组成和功能，地籍日常工作可分为流程、子流程、活动。流程对应于具体的审批业务，如变更土地登记、建设用地审批。子流程对应审批业务涉及的部门。活动对应于具体的工作人员所需完成的工作。在具体业务办理过程中，各部门工作人员按照一定的规则和顺序完成各自的办理或审批任务，这些具体审批业务构成了一个个活动，这些相关活动的集合构成一个流程。下一活动的执行，由上一个活动的完成状态决定，这一完成状态决定了下一流程的输出条件，输出条件决定了下一步工作由哪一个活动完成。系统在执行过程中调用预先定义好的各子系统的模块来完成活动任务。

在地籍办公过程中，需要大量城市地理空间图形数据，包括地籍图和宗地图等。这些地理空间数据通过空间数据库技术和其他业务及工作流数据一起保存在关系数据库中。这些图形数据的实现和处理需要利用地理信息系统技术。

2.地籍管理业务的工作流建模

（1）面向对象的工作流建模方法

工作流管理系统中一般都提供一个可视化的业务过程建模工具，以使用户能够以比较直观的方式对实际的业务过程模型进行建模。目前的建模方法有基于活动网络的建模方法、基于网的建模方法、基于语言行为理论的建模方法、基于活动与状态图的建模方法及基于扩展事务模型的建模方法。不同的过程模型各有其不同的特点，一个好的模型应该具有比较强的描述能力、易于使用、易于修改，以便能够适应不断变化的工作环境的要求。

（2）城乡一体化地籍管理业务的工作流建模

随着地籍管理业务的不断增加、服务类型和范围的不断扩大，地籍管理业务机构的组织结构、资源配置和业务规则都在不断变化和修改，地籍管理的复杂程度越来越高。利用工作流建模方法进行地籍管理业务建模时，应对应用方面、实际技术环境方面以及应用的组织方面提供全面的支持。面向对象的工作流可满足这方面的要求，它的功能、行为、组织和信息等特征能较好地描述地籍管理业务过程。各功能模块具有特定的作用。

（四）应用工作流技术的优势

1.应用工作流技术的特点

（1）协同性

每一项业务的办理一般需要两个甚至更多的部门参与，每一个部门在办理业务时都需要利用前面部门的办理信息，有时还需要利用查询等方式参考其他项目的信息。这些都要求信息系统能方便协同办公。

（2）流程性

窗口制的业务具有很强的流程性。例如，土地登记一般由受理、地籍调查、初审、审核、审批、注册登记、发证等过程构成，每一个过程都对应着明确的部门，并且有相对明确的工作任务和处理方式。信息系统在管理这些流程时可以采用特定方式实现工作任务的自动分配和流转。

（3）部门职能和人员的变动性

由于机构改革或者业务调整的需要，部门的职能往往会发生变动，有时业务流程也会调整，而部门人员的变动则是经常需要的，这就要求信息系统必须提供灵活的、可以定制的方式来实现办公自动化。

2. 工作流技术的优点

工作流技术，是一种对工作进行优化的思想和技术。其主要优越性表现在以下几方面。

（1）缩短办事时间，规范业务管理，提高办事效率

工作流贯穿部门业务活动的各个阶段，引入工作流技术，通过更好地规划工作流程，可以达到减少文档的传递和临时存储空间的目的，从而可以大大加快流程处理速度，提高工作效率和管理的规范化程度。采用工作流技术，可以在客户服务中快速方便地访问所有相关数据和工作流程，自动提供为完成某个任务所需要的相关信息，提高工作效率。

（2）增强系统灵活性，提高软件的利用率

办公过程中的工作流程是经常改变的，采用工作流技术这种先进的流程控制技术，可以实现应用逻辑和过程逻辑分离。它可以在不修改具体功能模块实现方式的情况下，通过修改过程模型来改进系统性能，有效地把人、信息和应用工具合理地组织在一起，提高软件的重用率，发挥系统的最大效能。

（3）加强部门协同合作，提高服务水平

办公业务中往往需要多个部门的协同工作，大量的数据和信息需要进行交流和沟通，工作流技术是致力于协作的技术。采用工作流技术可以实现业务流程的自动化支持与协作，以降低成本和流程的执行时间，提高企业的服务质量和工作效率。

（4）增强软件设计的预见性，满足业务流程变化的需要

随着计算机技术和网络技术的发展，组织机构内部的业务数量相比以前急剧增加，业务流程也变得更加复杂，组织机构的改革可能需要对业务流程进行调整和重组。因此，越来越多的组织机构开始认识到需要有支持设计和执行业务流程的高级工具。业务流程问题成为目前信息系统开发中的突出问题，要求信息系统包含工作流管理系统以支持各种业务流程。

二、GIS 技术

地理信息系统可简单地定义为用于采集、模拟、处理、检索、分析和表达地理空间数据的计算机信息系统。它是一个提供空间信息的输入输出、存储管理、空间分析和模型分析等功能的有关空间数据管理和空间信息分析的系统，并通过空间分析和模型分析为决策部门或决策者提供详细的相关资料。

（一）ComGIS 软件介绍

Com（Component Object Model）即组件对象模型，它是微软提出的一种用于开发和支持程序对象组件的框架。在软件开发领域，由日趋成熟的组件技术引发的一场新的革命正在悄悄兴起，软件产业的形式也将因组件技术的出现而有所改变。组件式软件技术已经成为当今软件技术的重要发展趋势之一。组件技术的两个重要规范：一是微软提出的 COM/DCOM 库的 RORBA；二是基于 COM，微软推出了 ActiveX 技术。ActiveX 控件是一种可编程、可重用的基于 COM 的对象，它已成为可视化程序设计中应用最为广泛的标准组件，它可以用在所有 ActiveX 容器程序中，如 VisualBasic 等，通过属性、方法、事件等接口与其容器和其他控件进行交互。

在组件技术的潮流下，GIS 软件像其他软件一样，已经或正在发生着革命性的变化。组件式地理信息系统（ComGIS）便是顺应这一潮流的新一代地理信息系统。

ComGIS 的基本思想是把功能模块划分为多个控件，每个控件完成不同的功能。各个 GIS 控件之间，以及 GIS 控件与其他非 GIS 控件之间，可以方便地通过可视化的软件开发工具集成起来，形成最终的 GIS 应用。

ComGIS 提供了丰富的不依赖于某一特定种类开发语言的可编程 GIS 控件，这些控件可以嵌入通用的开发环境中实现 GIS 功能，其他应用功能则可以使用这些通用开发环境来实现，也可以插入其他的功能控件。因此，使用 ComGIS 可以实现高效、无缝的系统集成。ComGIS 的出现为传统 GIS 面临的多种问题提供了全新的解决思路，给地籍管理信息系统应用体系和应用模式带来了巨大影响。

（二）WebGIS

基于互联网的地理信息系统，我们常称为 WebGIS，它是互联网和 WWW 技术应用于 GIS 开发的产物，是实现 GIS 互操作的一条最佳解决途径。利用互联网技术在 Web 上发布空间数据供用户浏览和使用是 GIS 发展的必然趋势。在互联网的任意节点，用户都可以浏览 WebGIS 站点中的空间数据、制作专题图、进行各种空间信息检索和空间分析。

因此，WebGIS 不但具有大部分乃至全部 GIS 传统软件具有的功能，还具有利用互联网优势的特有功能，即用户不必在自己的本地计算机上安装 GIS 软件就可以在互联网上访问远程的 GIS 数据和应用程序，进行 GIS 分析，在互联网上提供交互的地图和数据。WebGIS 为地籍信息系统建立提供了远程办公以及信息共享的新模式。

（三）OpenGIS

开放式地理信息系统（OpenGIS）是指在计算机和通信环境下，根据行业标准和接口所建立起来的地理信息系统。OpenGIS 能实现不同地理空间数据之间、数据处理功能之间的相互操作以及不同系统或不同部门之间资源的共享。信息共享已成为现代社会发展的一个重要标志，而地理信息系统互操作的产生是信息共享的必然产物，是地理信息系统重要的研究领域。地籍信息系统作为一项重要的基础的地理信息系统，其共享也是很关键的一个问题，OpenGIS 为实现地籍信息的多源共享问题提供了解决途径。

（四）GIS 与工作流集成

建设一个应用型的地理信息系统要求 GIS 系统和管理信息系统（MIS）及办公自动化（OA）之间有机结合，这对 GIS 系统集成方案提出了更高的要求，因此必须将工作流与 GIS 进行集成，实现业务流程的自动化管理。工作流与 GIS 集成的基本原理是以工作流为主线，以组件式软件技术为技术基础，开发出兼具工作流自动化功能、应用程序、应用系统的解决方案，实现工作流与 GIS 的集成。

在 Windows 平台上，利用支持 COM 技术的通用可视化开发工具可以方便建立应用系统的基本框架，并开发工作流管理系统。在进行工作流管理系统的设计时，GIS 功能由 GIS 组件实现。

组件式 GIS 软件，采用通用的可视化开发工具进行二次开发，通过组件式 GIS 软件提供的 GIS 组件的属性、方法和事件即可实现图形处理功能，并将这些 GIS 功能封装成插件、次插件，提供与工作流管理系统的接口。在构成工作流的活动中，活动一般可分为与图形功能有关的活动和非图形处理活动，非图形处理活动属于普通活动，只有那些与图形功能有关的活动才需要与插件进行交互。利用工作流建模工具进行插件配置时，可以将插件配置给需要进行图形处理的任一活动。这样插件实现的功能成为某个或某些工作流活动完成的一部分功能。客户程序即可下载并使用此插件，实现插件的相关操作。至于图形处理活动的具体实现，它是整个工作流程的一个活动，工作流系统可对其流程进行控制。因此，只要利用 ComGIS，就可以实现工作流系统和 GIS 系统的共享，应用通用的开发工具将 GIS 组件提供的 GIS 功能封装成独立功能的插件，无缝地连接到工作流活动中，而流程的控制由工作流系统本身完成，并不受插件的影响，从而将工作流与 GIS 有机地集成在一起。这样，GIS 功能交给 GIS 组件完成，工作流系统则可实现系统流程的控制，既有利于提高系统的可靠性，又方便系统功能的扩展。

（五）基于 GIS 与工作流集成的城乡一体化地籍信息系统构建

地籍管理业务是建立在地籍空间数据基础上的具有工作流特征的业务，涉及的数据资源不仅有非空间数据，还有与空间坐标有关的空间数据，在整个业务的办理过程中，非空间数据和空间数据紧密相连。传统的地籍信息系统往往将办公自动化与 GIS 系统分开，用工作流系统管理属性数据，用 GIS 系统管理空间数据，这种两者彼此独立的异构系统存在数据交换频繁、冗余度大及系统资源浪费严重等缺点，造成传统的地籍信息系统数据共享困难、系统的更新和维护较难、系统功能的扩展较难等。

在引入了组件式 GIS 等新一代 GIS 软件以后，系统以面向对象技术为核心，利用工作流技术和数据库技术等实现了办公自动化，地籍信息系统的集成模式发生了根本性变化。应用组件式 GIS 构造地籍信息系统等应用系统的基本思路：让 GIS 组件做 GIS 的工作，其他功能让其他的组件去完成，如工作流组件可以完成工作流任务的调度，GIS 组件与其他组件之间的联系由可视化的通用开发语言（如 VB 等）来建立。这些开发语言组成了应用系统的框架，GIS 组件和其他组件提供了实现具体功能的"砖头"，这些"砖头"在框架的组织下构成运行的应用系统。ComGIS 提供了实现 GIS 功能的组件，使 GIS 应用作为其他应用的一个环节而嵌入第三方应用中成为可能，改变了原来图文分家的现象，使工作流具有空间管理的能力，给工作流带来了更大的信息包容，使工作流更加趋向完整，克服了工作流技术在地籍管理中的不足。

基于工作流的城乡一体化地籍管理系统是一个全无纸化办公系统，所有报件材料和各个业务流程中所需的图形数据应以电子文件和电子地图方式传送，以网络化的 C/S、B/S 和对象 - 关系地籍数据库系统为基础的一体化、自动化的土地管理工作流系统，融城镇地籍信息管理、农村地籍信息管理及办公自动化于一体，为国土资源部门提供一个全新概念集成化的土地管理工作环境，能够实现从内部部门到市、县、乡多级国土资源部门之间实时共享土地数据并实现各级土地管理工作流程自动化[①]。

① 高勇，刘宇，王永乾.OpenGIS 的空间信息工作流管理系统框架研究［J］.地理与国土研究，2002（11）：28-32.

三、数据库技术

（一）城乡一体化地籍信息数据组织与管理

1.空间数据组织

（1）子库的划分

地籍数据包含属性数据和空间数据，空间数据多以图形和表格数据为主。因此，城乡一体化地籍数据中子库的划分主要依据数据类型和数据比例尺。从数据的库体结构中可以看出，数据子库中存储的数据主要包括数字线划图（DLG）数据、数字栅格图（DRG）数据、数字正射影像图（DOM）数据三种。在具体的每一种数据类型中又包括不同比例尺的数据，所以空间数据库的子库由"数据类型比例尺"的模式定义。以 1：500 的地形图数据为例：1：500 地形图属于数字线划图，其比例尺是 1：500，则 1：500 的地形图数据可以称作"数字线划图 1：500 数据子库"，其数据名可定为"DLG500"。

需要说明的是，在数据库中的数据，从格式上可以分为矢量数据（如 DLG）和栅格数据（如 DOM、DRG），由于这两种数据在信息存储机制上是不同的，所以在对这两种类型的数据做逻辑划分的时候要分别对待。

（2）矢量数据模型和组织

矢量数据反映的是点、线、多边形要素。要素具有精确的形状和位置、属性和元数据以及有意义的行为，常应用于具有确定的形状或边界的不连续对象。

1）大类的划分

对于每一个基础地形图逻辑子库，可以先根据国标对其进行大类的划分。以"1：500 地形图"为例，可以根据国标将其划分为控制点、居民地、交通、水系等几个大类。

2）图层的划分

对每一个大类再根据实体的类型（点、线、面）和实体在数据中的意义（辅助信息、主要信息）划分出具体的逻辑层来。

（3）栅格数据模型和组织

栅格数据为表现离散的数据。栅格中的每一个像元（或像素）是一个测量单元。栅格数据集最常见的来源是卫星影像或航空相片，也可以是一个要素（如建筑物）的照片。栅格数据集的一个优点就是以连续数据的形式存储和操作，这些数据可以是高程、图幅号、比例尺等。

2.空间数据存储

数据库的设计包括物理设计和逻辑设计两个部分。物理设计主要描述的是空间数据在存储介质里的储存方式，逻辑设计主要描述的是空间数据在用户或应用中的表现形式。可以说逻辑层是物理层的表现而物理层是逻辑层的基础。空间数据库的存储，根据数据格式的不同，具体分为矢量数据的存储和栅格数据的存储。

（1）矢量数据的存储

对于矢量数据，从逻辑的角度来看，数据库的逻辑层次是数据库→子库→图层→空间实体，而最终反映在 ArcSDE 中是 GEODATABASE → FEATUREDATASET → FEATURECLASS → FEATURE。

（2）栅格数据存储

栅格数据主要包括 DOM、DRG 这两种数据。对于栅格数据的存储有以下两种方式：

1）利用文件管理结合压缩软件

文件管理是传统的栅格数据管理方式，是各个部门广泛使用的一种方式，其优点在于不需要额外的软件支持，并且可以充分利用各种压缩技术，节约存储空间，不过其缺点也很明显，如影像的安全机制不完备、不利于影像数据共享等。

2）SDE 管理

将影像数据存储在数据库中，通过 SDE 进行管理的方式是近年发展起来的方法，也是未来影像数据管理发展的方向。目前 ArcSDE8.2 对影像数据只支持 LZ77 无损压缩，压缩率有限，导致影像数据占用大量的存储空间，并且浏览速度也相当慢。因此，建议影像暂时用文件方式管理，待 SDE 软件成熟后再统一设计为 SDE 管理。

目前 ESRI 推出了基于 RDBMS 的栅格数据的存储技术，对于一个栅格数据子库建立目录，再在这个子库级目录下为该子库所包含的分区建立目录，在具体的每一个分区目录中以图幅为单位存放空间范围在该分区的数据。

3.数据索引方法

空间索引是按照空间分布特性来组织和存储数据的几何数据结构，对于空间数据而言，快速索引是实现海量数据管理的关键技术之一，它提供数据的访问路径或指针，通过筛选作用，大量与特定空间操作无关的空间对象被排除，这样既便于空间目标的查询，又便于提高各种空间数据操作的速度和效率。

本系统空间数据的快速索引主要采用 ArcSDE 网格索引来解决，网格索引的基本思路是把区域分为 $M \times N$ 网格，根据几何对象的位置和形状，判断其落在哪些网格内，并把几何对象的 ID 号记录在这些网络中，通过网格记录的 ID 号，就可以搜索出约定范围的几何对象[①]。

4. 属性数据和空间数据的连接

利用 GIS 技术处理地籍空间数据和属性数据的关键之一是如何将空间数据和属性数据相对应地连接起来。从目前 GIS 平台和地籍信息系统的发展来看，主要有两种形式：一是属性外挂，即属性数据和空间数据分别存放在不同的文件中，通过内部标志码联系；二是属性数据和空间数据合存于一个文件中。第一种方式便于查询和数据共享，但空间数据变更时，与之对应的属性数据的变更不方便；第二种方式便于维持空间数据与属性数据的统一，数据变更和查询方便，但数据共享时需专门输出属性数据，建立地籍信息系统时，考虑到宗地变更和地籍信息的繁多，最好是做到两种方式兼有。

第一，对于基础地形数据，由于基本地理数据只有内部码、分类码、名称等基本属性，可直接连接到图形数据的特征表上，不必分开存储，方便数据的操作、维护。

第二，对于专题数据，可将属性分为两大类：一是基础属性数据，如地块编号、面积、性质等；二是描述性数据，如用地规划依据、控制要点等。对于基础属性数据，相对数据较少且规范，可采用图形属性表的方式进行存储。对于描述性数据，多为文本形式数据，不适合放在图形属性表中，可直接放入文件中管理，通过建立关键字链接的方式实现与图形对象的关联。

第三，对于业务办公过程中生成的属性数据，如"一书四方案"建设用地批准书、农用地转用方案、征地方案、附着物补偿方案、安置方案、用地审核意见等，都放在 Oracle9i 二维表中，通过关键字与用地规划图形关联，以实现在办公过程中对图文一体信息的需求。

（二）城乡一体化地籍信息建库流程

城镇地籍数据主要采用 1 ∶ 500 比例尺航空摄影正射影像图，解析法进行地籍调查，采集数据要求质量好、可靠性强、精度高。农村地籍数据的采集主要是采用 1 ∶ 10000 比例尺航天摄影正射影像图，再对地类、权属进行外业调查。

---

① 刘剑锋，秦奋，张喜旺. 基于宗地变更的地籍时空数据库研究 [J]. 测绘科学，2006（4）：18-21.

四、面向对象技术

（一）面向对象技术

面向对象说是对客观世界的一种看法，它是把客观世界从概念上看成一个由相互配合而协作的对象所组成的系统。由于它比较自然地模拟了人类认识客观世界的方式，是对真实世界的抽象思维方式，因而逐渐成为软件工程中的系统分析和设计方法。

一般系统分析与设计采用的是面向对象的系统分析与设计方法，开发过程中应用 Rational 的统一开发过程（Rational Unified Process，RUP），进行计算机辅助系统分析、软件设计、开发和文档生成。RUP 是基于可重用构件的开发过程，采用新的可视化建模标准，确保系统设计与开发符合软件工程的规范，开发出规范化且具有较高可移植性、可靠性的系统，提高系统开发的效率。

统一建模语言（Unified Modeling Language，UML）是统一开发过程的可视化建模标准，它依赖几个关键概念——用况、构架以及迭代和增量开发。统一建模语言是一种定义良好、易于表达、功能强大且普遍适用的建模语言，它融入了软件工程领域的新思想、新方法和新技术，支持从需求到系统开发的全过程。实际上，统一建模语言已成为面向对象管理组织（OMG）的一个标准，在世界范围内，至少近 10 年内，统一建模语言将是面向对象技术领域内占主导地位的标准建模语言。

（二）面向对象技术的应用

1. 地籍对象的概括和表达

人们利用面向对象的分析方法，对地籍管理的业务对象进行抽象和概括，将这些对象和关系采用统一建模语言加以表达。对象和对象之间的关系，抽象为宗地、界址点和界址线之间的关系，以及宗地、权利人和土地证书之间的关系两大类，前者的表现形式是拓扑关系和空间关系，后者则体现的是地籍对象的权属关系。

2. 基于面向对象方法的地籍信息系统的分析设计过程

面向对象技术在地籍信息系统建设中的应用体现在系统分析、设计和实现三个过程。其中，分析和设计过程是相互交叉、动态循环的。设计过程又包括地籍逻辑设计和地籍物理设计。基于对象的地籍信息系统分析是对地籍业务进行需求分析，弄清地籍管理的各项业务过程，比如各种土地登记过程，在此基础上分析出地籍信息系统的主要地籍信息和主要功能。地籍逻辑设计针对主要的地籍信息，抽象和概括出地籍对象和类及其相互关系。

在此基础上，进一步进行实体对象、接口对象、控制对象的划分，对地籍数据库、地籍数据模型进行设计，建立地籍物理模型。

具体地讲，面向对象技术在地籍信息系统建设中的应用过程包括如下步骤：

第一步，进行地籍信息内涵分析。数据来源主要是地籍管理业务中所涉及的各种地籍资料（包括地籍图、簿、册等）。

第二步，进行地籍对象的抽象概括以及地籍对象间关系的分析。将地籍信息抽象和概括为各种对象，确定各个对象的属性和方法；分析各个对象间的关系，在对象关系分析过程中调整对象的抽象概括方式。在这一步同时还需要根据专业应用情况，进行专业模型分析。

第三步，在建立好的地籍逻辑模型基础上，具体设计实现系统的接口，建立地籍物理模型。

第三节　城乡一体化地籍信息系统软件工程设计

一、需求分析

城乡一体化地籍信息系统的研究，归根到底是需求驱动的，这种需求主要表现在以下几个方面。

（一）地籍管理模式变革的需求

随着城乡一体化的加快，城镇地籍和农村地籍分开管理的模式已经不适应社会经济发展的需要，迫切需要在城镇地籍管理中加强地类管理的内容，在农村地籍管理中加强权属管理的内容，将原来二者分离的管理模式融为一体，形成城乡一体化地籍管理新模式，即县（市、区）→街道（乡、镇）→街坊（建制村）→权属单位（宗地、村民组）→图斑（地块），这就促进了基于城乡地籍数据统一管理的城乡一体化地籍信息系统的形成。

（二）城乡地籍一体化管理标准化的需求

一方面，国土资源部地籍发展"十五"计划、"十一五"规划，明确提出了实现城乡地籍一体化管理的奋斗目标，并且在全国选择试点，逐步推进；另一方面，国土资源部于 2001 年 8 月 28 日发布了《关于印发试行〈土地分类〉的通知》（国土资发〔2001〕255 号），城镇地籍和农村地籍采用城乡统一的土地分类，自 2002 年 1 月 1 日起试行。中华人民共和国质量监督检验检疫总局、中国国家标准化管理委员会于 2007 年 8 月 10 日颁布了中华人民共和国国家标准《土地利用现状分类》（GB/T 21010—2007），新的城乡一体化的土地分类标准，为城乡地籍一体化管理工作做了标准化方面的准备。进入"十四五"时期，我国将结合最新情况进一步以标准化的策略应对城乡地籍一体化管理中的各类问题。

（三）地籍业务办公自动化的需求

传统的地籍信息系统建设大多存在地籍空间信息管理和地籍业务自动化管理相脱节等问题，一部分地籍信息系统主要侧重属性的管理，能辅助进行地籍业务的办理，还有一部分地籍信息系统主要偏重对地籍空间信息的管理，能实现地籍各种图形信息的显示、浏览、查询和制图，但不能进行地籍登记业务的办理。

二、系统总体设计

（一）设计原则和依据

1. 设计的原则

地籍信息系统的建设是一项复杂的，综合性、专业性较强的系统工程。在系统的建设中，应以"实用、高效、先进、可靠"为基本准则，建立"规范、安全、开放"的办公自动化系统，依靠先进的信息技术和严格的管理制度，使地籍管理水平跨越到一个新的高度。具体而言，在系统开发过程中应遵循如下设计准则。

（1）实用性原则

作为一个应用系统，实用性是直接影响系统的运行效果和生命力的最重要因素，也是一个严谨的系统开发者要无条件遵循的原则。该系统的最终用户是国土资源管理部门内部各科室的业务工作人员和各级领导，他们对计算机和 GIS 了解不多。因此，要考虑系统操作的简易性，在功能上紧紧围绕日常的土地管理业务工作，针对不同部门的业务特点和业务流程，建造结构合理、实用的办公自动化系统。

（2）高效性和可靠性原则

现代社会瞬息万变，国土资源管理部门必须以高效的工作来满足变更频繁的土地划拨、征用、转让、登记等业务，信息系统建立的目的之一就是提高工作效率，更好地完成对土地的管理。

（3）规范性原则

对于一个信息系统来说，系统设计和数据的规范性和标准化工作是极其重要的，这些是各模块之间可正常运行的保证，是系统开放性和数据共享的要求，不规范、不标准的系统在升级、兼容、信息交换等方面都很困难，也就很难说再有什么发展。

整个系统规范标准的制定要完全遵照国家规范标准和有关行业规范标准，根据系统的总体结构和开发平台的基本要求，并考虑当地的实际，制定标准化体系，包括设计标准的信息分类编码体系，建立符合国家标准要求的图式符号系统，建立统一、规范的系统数据库数据字典，建立办公业务中统一的各类表格和统计报表格式，建立完善的安全控制机制，建立办公自动化流程自动控制机制。

（4）动态性与可扩充性原则

系统应具有良好的动态性。系统数据库的数据内容随着系统的运行而动态变化。除了基础数据库相对稳定之外，地籍数据库将随项目的审批或土地登记等业务而增加新的记录或版本。信息系统的开放性是系统生命力的表现，只有开放的系统才能够兼容和不断发展。

系统在运行环境的软、硬件平台选择上要符合标准，具有良好的兼容性和可扩充性，能够较为容易地实现系统的升级和扩充。在设计时还要考虑预留扩充用的接口，以适应扩展工程和适应国家有关政策法规以及信息技术的发展变化。

（5）稳定性原则

稳定性是指系统的正确性、健壮性两个方面。一方面，系统在提交前应该经过反复测试，在可能的情况下，尽量减少"bug"的数量，保证系统长期正常运转；另一方面，系统必须有足够的健壮性，应有很强的容错能力和处理突发事件的能力，在发生意外如软、硬件故障等情况下，能够很好地处理并给出错误报告，并且能够得到及时的恢复，不至于因某个动作或某个突发事件而导致数据丢失和系统瘫痪。

（6）安全性原则

系统所涉及的数据是国家和政府的内部资料、土地使用者所拥有的受法律保护的财产的真实记录，这些数据的准确性和正确性至关重要。安全性还体现在保证数据的真实性不被修改，保证信息变更的真实性、正确性不被篡改。系统应遵循安全性原则，充分考虑分级权限的设定、数据保密等情况，并要提供数据备份功能，定期进行数据备份。

（7）先进性原则

我们应采用先进的技术方法和理论，设计实用、可靠、具有先进理论水平的分析模型和应用模型。

（8）可操作性原则

软件系统具有良好的用户界面，用户易学易懂，操作简便、灵活，方便用户操作和维护。

2.设计的依据

第一，《计算机软件测试规范》（GB/T 15532—2008）；第二，《土地利用数据库标准》（TD/T 1016-2007）；第三，《市（地）级土地利用总体规划数据库标准》（TD/T 1026—2010）；第四，《国土资源信息核心元数据标准》（TD/T 1016—2003）；第五，国家土地管理局 1995 年颁布的《土地登记规则》

（二）业务流程设计

城乡一体化地籍信息系统建设的方法步骤大致如下：一是准备工作，主要包括组织机构建设、设备配置、技术方案制订、人员队伍的选择和培训等。二是开展地籍调查，收集地籍信息，包括基础信息调查、土地利用现状调查、权属调查、地籍测量、表册建立等。三是数据入库，对收集的信息进行处理，将信息系统数据入库，包括基础数据入库、空间数据入库、属性数据入库等。四是系统运行，建立数据库后，可以输出各种地籍信息成果。五是系统应用与维护，开展日常地籍管理工作。

（三）系统总体架构

城乡一体化地籍信息系统是由软硬件、数据库及其应用子系统构成的。软硬件是系统的物质基础，也被称为系统的实体结构；数据库包括图形数据库和属性数据库；系统的应用子系统是以数据库为操作对象，实现对数据的检索、查询、统计、分析等功能，从而满足管理和应用城乡一体化地籍信息的需要。基于工作需要，城乡一体化地籍信息系统总体架构设计自上至下可分为四层：表示层、工作流层、应用层及数据层。

1.表示层

表示层主要包括各种客户端软件，是与用户的接口层面，按在系统中作用的不同可分为功能表示层和流程表示层。功能表示层是整个系统的用户接口部分，负责用户与应用程序的交互，体现系统的业务操作。表示层接收用户的输入、请求，将结果以适当的形式（如图形、报表）返回给用户。主要功能有：第一，利用浏览器访问由 ArcIMS 发布的图形和属性数据并以表格或电子地图方式进行显示；第二，实现图层操作、数据转换、图形输出、数据编辑、数据查询和分析等；

第三，将日常图形变更和属性变更数据通过数据转换接口程序进入数据库中，从而修改数据库完成数据的更新，实现地籍调查、登记、统计、查询等日常管理。流程表示层向用户提供一种手段，用来处理过程实例运行过程中需要人工干预的任务。通过流程表示层，用户可以查看其工作任务列表，开始或终止一个任务的执行。

2. 工作流层

工作流层包括工作流引擎和工作流管理监督工具。工作流层负责解释过程定义，并进行过程实例化和过程执行控制、任务调动、日志维护，通过应用程序接口（API）调用应用程序，提供监督和管理功能等，还提供与工作流参与者之间的接口。

3. 应用层

应用层由应用服务器上的各种服务程序和组件构成，实现系统的具体业务操作，是业务活动的提供者。应用程序被工作流层调用，从工作流服务器接收执行活动所要的信息，这些信息通过数据交换文件传递，同时将活动的结果和输出信息传递给工作流服务器。

应用层将表示层提出的请求转换为对数据服务层的请求，并将数据服务层返回的结果提交表示层。对系统功能的扩展主要在应用逻辑层中增加实现各种业务处理与分析逻辑的应用服务器，并通过表示层中的客户端软件调用。其主要功能有：第一，进行系统业务流程的处理和复杂的数学逻辑计算；第二，与数据层进行数据交互，管理修改数据库数据；第三，与客户端进行数据交互；第四，数据缓冲处理和组件访问的并发控制等；第五，通过 ArcIMS，提供数据的 WEB 发布等。

4. 数据层

数据层是系统的数据管理中心，向业务层的应用服务器提供各种信息资源，它包括数据库服务器和空间数据库引擎。数据层的数据库服务器主要集中了应用数据和工作流数据。应用数据是指和业务本身相关的数据，是功能构件支持和理解的数据，包括属性数据和图形数据。其中，图形数据通过 ArcSDE 和应用层进行交互。应用数据是应用层专有的，尽管工作流层可以在功能构件之间传递这些数据，但无权访问。工作流数据用来描述系统的工作流模型，包括工作流元数据和工作流相关数据。工作流元数据贯穿系统的整个生命周期，在系统的构造阶段，通过建模工具建立工作流模型，并将模型存入元数据表中；在运行阶段，工作流层访问并动态修改元数据，根据元数据控制工作流的执行，工作流相关数据描述了各功能构件之间的交换数据。

（四）系统功能设计

1. 系统功能模块

城乡一体化地籍信息系统是城镇地籍和农村地籍一体化管理的现代化自动办公系统，由地籍调查模块、土地登记模块、地籍查询模块、统计输出模块、信息发布模块和系统管理模块六个模块组成。

城乡一体化地籍信息系统是一个集地籍信息输入、处理、流转、输出为一体的系统，为地籍信息的管理提供了高效、现代的服务。各模块在同一数据库的支持下既可以独立运行，依照给定的权限访问、查询和修改数据库，也可以与其他功能模块进行集成，实现各模块之间的数据交换和共享，协调完成土地管理的业务工作。

2. 子系统描述

（1）系统管理子系统

系统管理需要完成如下内容：服务器设置、行政代码设置、用户权限设置、工作流程设置、数据字典管理、代码库设置、参数设置、运行日志查看、系统数据备份恢复。

一般来说，只有系统管理员才有权进行以下操作：用户权限设置、工作流程设置、数据字典管理、代码库设置、运行日志查看等。用户权限设置可以按照不同的部门或科室设置不同的权限组，对不同的人员设置其所属的权限组和密码；工作流程设置用于设置土地登记的工作流程，一般以模板的形式提供；数据字典管理完成对数据结构的部分维护功能，如土地登记的某一具体的业务涉及的内容可能是变化的，系统能够允许用户对部分数据结构进行自维护；代码库设置完成系统代码的设置；运行日志查看用于查找所有登录到系统的用户信息以及操作信息。

系统管理子系统利用 ASP.NEP 编写客户端界面，通过数据访问组件及用户管理组件等完成一些较复杂的逻辑操作。

（2）地籍调查子系统

地籍调查子系统主要是对城镇地籍调查和土地利用现状调查的数据和资料进行处理，并依据变更调查数据及时对数据库内容进行修改，保证数据的现势性和准确性。

一般地籍数据的来源主要有两种：一种是直接通过外业调查，主要包括控制点和碎部点；另一种是通过航空航天摄影测量和图片数字化的方式。第一种数据的精度较高，第二种在精度要求较低的情况下比较方便。在城乡一体化地籍信息系统里，可能同时存在着这两种输入方式，城镇地籍数据精度要求高，采用第一种方式野外测量获取数据。

（3）土地登记子系统

土地登记可以看作一个办公过程，是一个地籍信息流的流转过程。土地登记从窗口受理土地登记申请一直到最后的发证和信息公告，一般分为初始土地登记申请、地籍调查、权属审核、注册登记、颁发土地证书五个步骤。土地登记工作流的一个重要内容就是提供了模板定制功能。

（4）土地统计子系统

土地统计包含了初始土地统计和年度土地统计两个部分。土地统计部分采用动态报表方式，允许各个地方根据实际情况定制报表。报表在服务端动态生成，并以文件流的形式回传给客户端，客户端解析该文件流并显示。

（5）信息查询子系统

信息查询对象范围分为两种：一是局域网内用户，根据所属部门科室的权限允许其查询详细的地籍信息，如各种地籍图件成果和统计成果资料等；二是远程的一般用户，允许查询的信息是比较有限的，可能是一些历史的信息，也可能是经过了选择过滤后的一些信息，再者是政务信息公开要求公布的信息。在局域网内，用户必须安装专门的逻辑处理组件，远程用户直接通过服务器上的 WEB 服务器、COM 服务器、GIS 服务器来访问数据。

从功能上，信息查询可分为专题查询和条件查询。专题查询是针对某个具体业务、具体内容的查询，条件查询允许用户输入查询的条件并组合查询。

三、系统数据库设计

（一）数据模型

城乡一体化地籍信息系统中的数据可分为两大类：图形数据和属性数据。图形数据是描述地理要素的形状、大小、位置以及要素之间的拓扑关系和层次关系的数据集合。图形数据的表示有栅格结构和矢量结构两种方式，对应的图分别称为栅格图和矢量图。下面主要讨论矢量图形数据和属性数据的数据模型和数据结构。

1. **矢量图形数据的数据模型和数据结构**

本书采用矢量图的方式存储图形数据。在矢量结构中，图形数据分为几何数据和层次数据两大部分，其中几何数据是描述图形的形状、大小、位置及其拓扑关系的数据，层次数据是将图形按其特点和需要进行分类分层的结果。层次数据一般带有属性，是图形和属性的结合点。

2. **属性数据的数据模型和数据结构**

在城乡一体化地籍信息系统中，属性数据是用来描述地理要素特点、语义和隶属关系等非几何特性的数据。属性和图形的关系非常密切，对于一个现实空间的实体，需要两者共同加以描述，才能准确地确定该实体的性质。在图形数据中，图层、类以及要素都可以有属性数据，而属性数据也只有和图形数据建立关联关系，才会有实际的意义。本节下面就来定义矢量化数据结构中属性数据的基本属性和数据之间的关系。

属性数据之间的关系分为分类关系和层次关系两大类。层次关系分为层、类（包括线类、面类、点类）、素（包括线素、面素、点素），其中类和素一一对应。

（1）分类关系

下面的六个关系说明了属性数据的属性分类规则：第一，图层、点线面类和点线面素都可以带有属性；第二，所有的属性都可分为公共属性和私有属性；第三图层和点线面类的私有属性可分为可传属性和非传属性；第四，点面素的属性不具有可传性；第五，公共属性可分为共名属性和共值属性；第六，共名属性可分为传名属性和非传属性，共值属性可分为传值属性和非传属性。

（2）层次关系

下面的五个关系可确定矢量数据结构中属性数据的属性传递关系：第一，各包容的层次关系是图层为第一层，点线面类为第二层，点线面素为第三层；第二，属性的传递方向是从上往下的，如线类可向线素传递属性，但不能向图层传递；第三，层次间的属性传递不改变属性的类型，例如，图层的共名性传递到线类还是共名性；第四，属性可隔层传递，例如，图层可直接给点线面素传递私有属性；第五，属性可连续传递，例如，图层给线类传递有关属性的同时，也传递给了有关线素。

3. **属性数据的数据结构及其实现**

属性数据通过对关系表的操作，满足用户查询、检索、空间分析等要求。实际系统设计中，两者的输入界面应该融合为同一个界面。

（二）系统数据库结构

1. 数据分层与编码

分层是在对地籍信息进行分类的基础上，将不同种类的地籍要素采用不同的图层分开表示，便于针对不同的应用，对不同的相关信息进行分析处理。不同的层之间可以叠加分析。地籍数据分层首先要考虑数据的更新，由于数据的更新一般以层为单位进行处理，因此分层应考虑将变更频繁的数据分离出来。比如，地籍专题数据层次中行政区划和宗地都是面状物，但是行政区划一般变化不多，而宗地变更却是经常的，所以行政区划和宗地分成两个不同的图层。另外，分层应该符合国际要求，符合国家和行业对地籍数据的分层要求。

地籍数据库主要分成两个层次：基础地形数据和地籍专题数据。基础地形数据主要分为建筑物层、水系层、道路层、绿地层和高程点层、控制点层、注记层等。地籍专题数据主要分成行政区划要素、权属要素和地类要素等不同层次。

2. 数据库总体结构

空间数据的连续无缝组织或以地理分布组织架构有两种方式：数据分幅存放或数据全部（按行政区级别）拼接连续无缝存放。把数据存放在后台数据库最好采用一种，这样不但利于行政区域内数据输出，又能根据行政索引快速定位，更为重要的是能正确划分城镇地籍之间的分界线，保证了城镇地籍数据与农村地籍数据的衔接，但是数据拼接入库工作量较大。城乡一体化地籍信息系统对空间数据的管理采用覆盖全区、分层次管理方式（城镇地籍数据按照比例1：500，农村地籍数据按照比例1：10000），按照统一的坐标对地理实体要素进行分层叠加。根据地籍空间数据的特点，按照"数据库—专题—层—要素及属性"的层次框架构建数据库。总体上分成四个部分[①]：第一，现状数据（存放当前的现势数据）；第二，历史数据（存放以前年度的数据）；第三，过程数据（存放办理过程中的临时数据）；第四，汇总数据（存放汇总统计时产生的临时数据及最终结果）。

按照时间逻辑，地籍信息系统数据库按地籍要素的状态分为两个库：历史库和现势库。两个库中的所有实体要素都打上其产生和消亡的时间标记和存在的状态标记。存在状态为0的要素为历史要素，同时也具有消亡时间；存在状态为1的要素为现势要素，同时也具有产生时间。历史库和现势库的划分是解决宗地历史回溯的关键。沿着时间，现势要素不断产生，原来的地籍要素也在不断地变为

① 邵维忠，杨芙清.面向对象的系统分析［M］.北京：清华大学出版社，1998：15-81.

历史要素。随着现势新要素不断产生，现势表不断新增记录，并相应地标记下要素产生时间；旧的要素不断地被转移到历史库中，在历史表的新记录下记录该要素的消亡时间。

历史库和现势库的划分是逻辑上的，不是物理上的。在实际的数据库的设计中，并没有严格地划分出包括所有历史要素的历史表和包括所有现势要素的现势表，而是根据地籍实体要素及实体关系来组织的，时间字段记录是历史库和现势库的分界线，历史库中的数据不但包括历史图形数据、历史宗地图形、历史界址点图形、历史界址线图形，而且包括历史的属性数据（历史的宗地基本属性和历史的宗地分摊属性，比如历史的权利人信息、历史的宗地权利人关系、历史的他项权利等）。当然现势库中数据也包括现势图形数据和现势属性数据。

过程库是用来存储办理过程中的数据的。在业务办理的过程中，某些突发事件或工作人员的操作原因可能会造成原始数据（现势库中数据）的损坏，所以在办理业务时，先把现势库中的数据复制到过程库。这样在业务办理的过程中，操作的数据全部是过程库数据，如果发现有错误，只要删除过程库相应的数据，然后重新办理时，再从现势库复制到过程库即可。当然在业务办理的过程中，产生的新数据也保存在过程库，这些新数据通过审核和审批后，就可以从过程库进入现势库，从而成为具有法律效力的正式数据。过程库实际是业务办理过程的临时库，是业务办理的过渡产物，它最大限度地减少了对原始数据的使用次数。

历史库与现势库的关联主要通过宗地历史现状关系来描述，过程库与现势库的关系主要由工作库业务与宗地关系连接，但不管是历史库与现势库，还是过程库与现势库的关系描述，都离不开宗地，宗地内码始终连接历史库与现势库以及过程库与现势库。

数据库的设计从来都是地籍管理信息系统设计非常重要的一项内容。地籍数据分为空间数据和属性数据。地籍数据的高质量与合理组织是建立基于 GIS 地籍管理系统的关键所在，也是实现城乡一体化地籍信息系统地籍数据功能的基础。传统的设计模式常常用属性数据库管理属性数据，而专门的空间数据库管理空间数据，再通过程序使两种数据相互对应。这种空间数据和属性数据分开的模式常常造成管理的不便，查询时要分别遍历不同的数据，通过不同的语法和数据接口，在时间和速度上都不利于地籍海量数据的管理，对空间数据管理也无法满足客户／服务器环境下的多用户共享、安全性、完整性、一致性、并发控制等要求。

地籍档案是土地使用者合法使用土地的法律凭证。这无论是对管理者还是使用者来说都是极其重要的。此外，以图形文件来存储宗地及界址信息，在图形变更时，极容易因操作失误而导致图形的移位或改变，这些失误在图形信息提交前如未得到及时改正，就将成为永久的错误存储在 GIS 图形文件中，这些错误将严重影响地籍图的完整性。这类错误在基于文件的 GIS 图形管理中很难恢复，主要是因为其缺乏数据的安全恢复机制。地籍数据的安全保证在地籍管理系统中很重要，所以，在设计地籍管理系统的存储结构时应充分考虑到这一要求。

因而在本次城乡一体化的地籍信息系统中采用了利用关系型数据库对图形数据和属性数据进行统一管理的办法。关系型数据库主要包括系统数据库、地籍单元数据库、统计数据库、档案数据库等（表 2-1）。

表 2-1　城乡一体化地籍数据库组成

数据库内容		说明
系统数据库		系统设置信息、参数信息等
地籍单元数据库	图形数据	地籍要素图形对象
	属性数据	土地登记等各流程信息
统计数据库		地籍统计数据
档案数据库		地籍档案数据

其中地籍单元数据库包含了系统的主要信息，既包含了各个地籍要素（行政区域、行政界线、测量控制点、高程点、等高线、宗地、权属拐点、权属界线、点状地物、线状地物、面状地物、点状地类、线状地类、面状地类、地类界线、符号注记、数字注记、其他注记等）的信息，也包含了土地登记各流程（初始土地登记申请、地籍调查、权属审核、注册登记、土地证书）的信息；既包含了土地的现状信息，也包含了历史的信息。这些实体信息都可以通过面向对象方式来组织。

（三）数据组织管理模型

数据的组织管理采用区域数据组织管理方式，按行政区、图斑、权属及登记信息分层管理，采用面向对象方式实现图数一体化管理。各种不同类型的数据根据其特点和管理要求，采用不同管理模型。同时在设计数据管理模型时，要充分考虑系统的扩充性，如在现有系统下既要考虑地籍信息系统与土地利用规划、建设用地管理、土地开发整理、土地市场、分等定级与估价等业务数据的结合与载入，又要考虑国土资源管理中涉及的土地资源的生态与环境等信息的加入和管理。地籍信息的价值在于其现势性和准确性，因此在数据组织管理模型设计中要充分考虑数据的更新与维护。

1. 各种类型数据的组织模型

以下是地籍信息系统中几种主要数据类型的组织模型。

（1）画图斑数据

面图斑主要是指在信息源中以封闭的面表示的地类图斑，这类数据的基本组织单元为街坊，面图斑与面图斑间是无缝的、拓扑相关的。面图斑的拓扑范围可以跨区域建立，如相邻街坊村的相邻图斑。城镇地籍应根据实际的用地情况在街坊内形成无缝的用地图斑，图斑划分的原则是一个图斑不跨越宗地权属单位、不跨越建制村、街坊，宗地间的缝隙都必须形成地类图斑。

（2）线状图斑数据

线状图斑是指依比例尺无法表示的、有宽度和用地类别的线状地物，如无法依比例表示的道路、河流、沟渠等，对于能依比例尺表示的线状地物，应按面状图斑处理。线状图斑数据以整个管理区域来组织管理，同一宽度和同一用地类别的可做一个完整的线状图斑。

（3）点状图斑数据

点状图斑是指依比例尺无法表示的用地地块，如坑塘等。其数据的组织按建制村、街坊为单位组织。

（4）权属单位空间数据

一个权属单位是由一个或若干个图斑点状、线状、面状组成的，一个权属单位也可理解为一宗地，或分布在不同区域的多宗地。一个宗地的边界是这个宗地内图斑的外包围线。宗地的空间数据按街坊或村组织。

（5）登记信息

登记信息是指土地登记过程中收集和形成的数据，如申请书、调查表、审批表等，这些信息与宗地相关，因此其数据组织方式与宗地的空间数据组织方式一样，按街坊来组织。

（6）行政区数据

行政区数据是指行政区边界空间数据和属性数据，它包括省、市、县（区）、乡镇（街道）、村。行政区界的基本关系是上一级行政区界是其下一级行政区界的外包围线，最低一级的行政区（村或组）界是其行政范围图斑的外包围线，行政区界与线状图斑可以重合、相交。行政区数据以整个管理区域来组织管理，并建立相应的拓扑关系。

（7）基础地理要素数据

基础地理要素是指基础地形图或其他人工增加的背景图形要素，但不包括图廓的修饰内容。背景图形主要有两种：一是纯装饰性的图形，只为图形显示、输出用；二是除装饰性之外，需要进行统计或分析用或其他用途的辅助性图形要素，可根据地物类别分别管理。背景地物数据通常以街坊来组织管理。

2. 不同尺度的数据处理原则

在实施城乡一体化地籍信息系统建设时，根据管理的要求各区域的数据精度肯定会有所不同，如城镇是1：500比例尺数据精度，而农村是1：10000比例尺数据精度，对不同精度的数据，系统在建设时必须遵循一定原则。对不同尺度数据要求的基本原则是，采用的投影和坐标系统应保持一致性。

（1）不同比例尺精度数据接边

不同尺度的数据由于其数据获取和表示的方法不同，其数据的精度有较大的差异。对于这些数据接边的基本原则是低精度的服从高精度的数据，同等精度的按平差方式处理。

（2）权属界线的接边

权属界线的接边不应采用图形接边方式，应尽可能采用坐标数据。对于不能提供坐标数据的，应按照不同比例尺精度数据接边的原则进行。

3. 不同比例尺图形表示

不同比例尺图形表示方法不同，如一条10 m宽的道路在1：500比例尺图上是按其边界用双线表示的，而在1：10000比例尺图上是用一条单线表示的，只在其数据属性中记录路的宽度为10 m。进行用地图斑表示时，在1：500比例尺图上表示的是面状图斑，而1：10000比例尺图上表示的是线状图斑。进行一体化数据库建设时，根据的是原数据比例尺情况，并不改变图形表示方法。

4. 数据交换

系统除遵循《城镇地籍数据库标准》（TD/T 1015—2007）、《土地利用数据库标准》（TD/T 1016—2007）、《地理空间数据交换格式》（GB/T 17798—

2007）等之外，考虑到数据的动态变更管理和数据共享、系统功能和应用的扩展等，还应设计一套标准交换数据。

（1）变更测量数据交换标准

测量数据是指通过地面测量、扫描矢量化等方式获取的空间要素数据，是原始数据通过规格化整理后进入数据库的数据源。相关软件有：TransCAD——交换文件数据与 CAD 接口，TransEPSW——EPSW 实现数据互转。

（2）空间数据交换

空间数据交换有三种交换方式：一是与国家标准《地理空间数据交换格式》（GB/T 17798—2007）的格式数据进行数据双向交换的方式；二是《城镇地籍数据库标准》（TD/T 1015—2007）、《土地利用数据库标准》（TD/T 1016—2007）中空间数据的交换格式（VCT 格式）；三是与 ArcGIS 空间数据库进行数据交换的方式。与 ArcGIS 空间数据库（包括 ArcGIS 的个人数据库）通过 SDE 实现数据库级交换，交换过程中保存完整的对象关系；与 ArcGIS 空间数据库的 E00、ShapeFile 文件进行交换，交换过程中保存完整的对象关系。

（3）元数据交换标准

系统的元数据是以 XML 数据的形式存在的，可以为所有的数据源建立和显示元数据，只要符合扩展标示语言（XML）都可以进行交换。

第四节　城乡一体化地籍信息原型系统

一、系统建设目标

应按照系统设计要求，结合城乡一体化地籍信息系统建设实际，确定系统建设的"七化"目标。[①]

（一）城乡地籍管理一体化

建立基于城乡一体化管理模式的地籍信息系统，融合城镇地籍信息系统和农村地籍信息系统，消除城乡地籍"二元结构"，突出地籍信息的权属管理和地类管理，实现城乡地籍一体化管理。

---

① 高权忠，张雅奇，王履华. 城乡一体化地籍管理信息系统建设及其成果应用研究［J］.测绘与空间地理信息，2015，38（11）：173-175.

（二）土地产权管理信息化

建立城乡统一的国有土地使用权、集体土地所有权和集体土地使用权的权属界线图和权属信息库，彻底解决原来两个系统数据衔接不严密的问题。

（三）土地利用现状管理科学化

按照新的土地分类标准建立地类界线图和相应的属性库，解决原来两个系统分类标准不统一的问题，依照新土地分类，进行各类面积的计算、汇总和统计分析。

（四）数据标准统一化

因目前尚无城乡统一的信息系统标准，所以应该在充分吸取、遵守《城镇地籍数据库标准》（TD/T 1015—2007）、《土地利用数据库标准》（TD/T 1016—2007）和其他有关的国家标准基础上，探讨城乡地籍一体化的数据标准。

（五）数据变更现势化

在进行数据变更时，系统应允许多用户并发操作，数据变更包括图形数据变更和属性数据变更两部分，能充分反映地籍信息的现势状况。

（六）数据发布社会化

系统能够利用WebGIS的方式发布地籍信息，按照"建立土地登记信息公开查询制度"的要求，逐步完善查询的方式，满足土地使用者以及社会各阶层地籍信息查询的要求。

（七）数据转换标准化

应有充分的准备在其他部门和应用领域推广、使用地籍数据，为此，系统应能和其他软件交换数据。

二、主要功能实现

城乡一体化地籍信息系统是一个综合性、空间性的信息管理系统，在系统开发时应充分考虑地籍管理工作流程和国土资源部门各项业务需要，将整个系统分为若干个子系统，这些子系统既是分开的，又是相互联系的，在用户界面设计时，将根据每个用户的要求进行组合，现将系统的主要功能介绍如下：

（一）按照地籍管理工作内容划分的功能

1. 土地登记功能

根据土地登记工作的基本程序，土地登记子系统设计的内容包括从登记申请、地籍调查、审核、公告、复查、注册、发证、资料归档到查询、统计、各种变更等各方面，数据库建立后，能实现土地登记办公业务自动化。

（1）数据录入和建库功能

数据处理功能不挂在系统中，而是作为系统后台处理工具单独存在的，主要完成数据录入、建库等功能。这样做的益处是可以使得进入系统的数据得到规范化处理，避免不必要的数据错误。

（2）变更土地登记功能

变更土地登记工作，包括变更申请受理、变更调查、资料更改、初审、审核、批准、变更注册、核发证书、资料归档等。

2. 土地统计功能

满足用户的各种咨询和管理要求。对城镇地籍调查、土地登记等工作形成的主要数据予以系统化、体系化，提供各种分析工具进行统计分析，以便及时反映土地利用分类、土地权属及土地资产量的现状及变化情况，分析土地利用结构、土地利用率，为土地管理、土地市场宏观调控决策提供依据。完成地籍管理中所有规定报表的统计、编辑、打印输出，按土地分类用途、土地权属性质、土地来源性质、土地使用者性质、土地等级、建筑占地面积、建筑面积、建筑容积率、建筑密度进行各种统计，对土地分类用途、土地权属性质、土地来源性质、土地使用者性质、土地等级等项目按宗地数、宗地面积、建筑占地面积、建筑面积等进行统计。

3. 图形管理功能

按城乡一体化地籍管理的要求，实现对地籍图件的数字化录入、测量解析坐标文件转入、测量解析坐标录入、测量草图录入、图件编辑修改、存储管理、图幅拼接、图幅查询、街坊图查询、宗地图生成、图形输出、图数互查等，初步实现日常地籍图件管理的现代化。

（二）按照数据管理方式划分的功能

1.集土地利用管理和权属管理为一体

将权属管理与土地利用管理融为一体，实现城乡地籍管理系统软件统一、数据结构统一、组织和管理方式统一，同时能满足农村土地利用现状与城镇地籍管理要求，实现农村土地和城镇地籍的无缝一体化管理。

2.多源数据集成

系统支持多种方式完成空间数据的采集。在系统建设中，充分利用现代信息技术，采用 RS、GPS 等技术，通过多源数据集成，初步实现了城乡一体化地籍信息数据库建设及动态更新。

3.不同尺度数据融合

系统解决了城乡不同比例尺数据的融合，使城镇部分 1 ： 500 比例尺和农村的 1 ： 10000 比例尺有机地融合在一起。

第三章 三维激光测绘技术在道路改扩建工程中的应用研究

第一节 道路改扩建测绘中仪器选型与测量方案设计

一、三维激光扫描仪系统组成及工作原理

（一）系统组成

三维激光扫描系统是由三维激光扫描仪、系统软件、电源和附属设备几个部分所组成的[①]。具体来说，所有仪器都主要是由一台高速度、高精度的激光测距仪、一组角速度均匀的反射棱镜（用来引导激光反射）、水平方位偏转控制器、高度角偏转控制器以及数据输出处理器组成的，有一些仪器设置了数码相机来直接得到被测对象的影像信息。其工作原理是以传动装置的扫描运动来对测量对象做全面测量作业，并经仪器内部处理得到测量对象表面的海量点云信息。

（二）工作原理

地面激光扫描仪，其最初扫描得到的数据主要有三部分，其中激光束的水平、竖直方向值，是根据两个不停转动的镜子（用来反射脉冲激光）的角度值来获取的；扫描点的空间相对三维坐标，是由激光束水平、竖直方向值结合仪器与扫描点之间的距离（由激光传播时间计算得出）获取的；点云的反射强度，作用是给点云配色。因此，点云的描述形式是 (X, Y, Z, F)，即包含点云的反射强度与空间位置[②]。地面三维激光扫描仪获取的点属于仪器坐标系，而不同的设备关于坐

---

① 张会霞，陈宜金，刘国波.基于三维激光扫描仪的校园建筑物建模研究［J］.测绘工程，2010，19（1）：32-34.
② 徐凯，郝洪美，郭亚兴.基于三维激光扫描仪的三维文物模型的建立［J］.北京测绘，2014（4）：120-122.

标系的定义原则也不一样。一般来讲，定义方式是：以激光束发射处作为坐标原点；以仪器的竖向扫描面中向上的方向为 Z 轴正方向；X 轴取与 Z 轴相垂直的仪器横向扫描面内；在横向扫描面内，与 X 轴垂直，指向物体的方向为 Y 轴正方向。其中 X 轴、Y 轴和 Z 轴遵循右手准则。

二、测量误差来源分析

误差，即测量值与实际值之差，主要由仪器误差和外界环境、操作技术、测量方法等造成的误差组成。对于三维激光扫描仪来说，它的分辨率、作业环境、测量方法等都会造成测量误差产生。一般来说，仪器与被测点的距离越近、激光光斑越小、分辨率越高、回波信号越强，测量精度则越高；相反，测量精度则会越低。另外，测量对象的反射率和边缘效应也会对回波造成影响。温度的变化也会造成测量坐标中 x，y 值的误差。[①]

（一）系统本身构造误差

三维激光扫描从点云采集到建立模型，有很多误差源。数据获取时，仪器本身的构造原因，会造成不同的扫描误差，如系统误差和偶然误差。系统误差会造成点位坐标的偏差，比如轴系间旋转造成的测距与测角误差、激光束的发射特性造成的角度定位误差等，都会导致最终点云数据的误差。

偶然误差则是随机误差的综合体现。例如，仪器架设误差造成的点云定向与定位误差、后视定向误差引起的点云定向误差等。系统误差可利用公式改正或通过系统修正来消除或减少。偶然误差因为随机性则可以在扫描时通过主动避免来减少。

（二）测量误差

扫描系统最终生产出的数据产品，其精度是否满足实际应用的需求，主要取决于点云数据的精度和模型化精度。

所谓模型化精度，指的是提取的目标对象表面的几何模型精度，由激光脚点光斑（扫描仪发出激光束到目标对象表面形成的光斑）的大小与采样间距决定。激光脚点光斑大小与采样率都可以通过仪器进行设置，采取的设置标准也会影响点云的采集精度。

---

① 曹先革，张随甲，司海燕，等．地面三维激光扫描点云数据精度影响因素及控制措施［J］．测绘工程，2014，23（12）：5-7.

点云精度由扫描点的误差大小决定。根据影响扫描点误差因素的不同，扫描点的误差可分为仪器误差、作业环境条件以及与所测对象反射面相关的误差。仪器性能缺陷会引起仪器误差；温度、气压等属于外界环境因素；测量对象反射面倾斜及测量对象反射特性的影响属于与测量对象反射面相关的因素。

目前，激光扫描仪的本身误差没有有效的自检调整系统，只能通过选择合适的仪器，并在实测时进行精确对中，来减少仪器本身误差。

（三）坐标配准误差

对于道路工程这种大型工程，需要分为多个区域多站测量，区域之间相互有一定的重叠，通过重叠部分进行站间坐标配准，得到工程整体数据。坐标配准就是把多个坐标系中的点云配准到一个坐标系中，一般采用选取同名点的方式来进行配准工作，因此配准的精度与其选取具有密切关系。信息采集作业中，目前常利用标靶做同名点，可以是球形标靶或者平面标靶，两者都具有高射光率。相邻测站之间可以采集到同一个标靶，并以此作为同名点。

常用的坐标配准方法是在相邻两测站中分别选取三个或三个以上的标靶，然后提取标靶的中心坐标，由此计算旋转和平移参数，实现两站点云间的坐标转换。

由此可知，由扫描距离所引起的标靶中心的拟合精度和点云配准精度都是造成配准误差的关键因素，因此，选择合适的扫描距离是保证工程精度的关键。

三、三维激光扫描仪分类

激光扫描仪按照其搭载平台，分成固定式与移动式。固定式扫描仪作业时要将其固定在特定点上。移动式扫描仪作业时根据搭载平台（如汽车、飞机），结合移动定位来对目标对象做全方位点位扫描。

按照测程，地面激光扫描仪有远程、中程和短程三种。远程式的测距原理是脉冲法，测程比较远，厘米级精度，常用于室外测量作业；中程式采取的则是相位法测距原理，与远程式相比测程短些，精度在毫米级，常用于室内测量；而短程式利用的是三角法测距原理，测程短，但精度极高，一般在微米级，在工业等非测绘领域应用较多。

测量距离的精度决定了扫描作业中激光定位（原点到目标对象的距离）的精度。按照测距原理不同，激光测距的方法可分为脉冲法、相位法和脉冲－相位法等形式[1]。

---

[1] 张启福，孙现申.三维激光扫描仪测量方法与前景展望［J］.北京测绘，2011（1）：39-42.

（一）脉冲法

脉冲法的测距原理为通过将脉冲激光发射至测量对象后所产生的漫反射获取反射信号，根据信号往返时间差解算距离。激光发散角很小，激光脉冲所持续的时间很短，瞬时功率特别大，甚至在兆瓦级，所以其测程很远。但其精度会相应较低，一般为 1～5 m。

（二）相位法

相位法的测距原理是通过无线电波段的频率将激光束做幅度调制，同时测出调制光往返测线的相位差，进而可以利用调制光的波长对相位延迟进行换算，获取调制光往返测线的时间，达到间接测距的目的。一般来说，采用的都是连续光源 He-Ne 激光仪器。

通常这种测距方式适用在精密测距方面。它的精度较高，可以达到毫米级。其测距的关键在于在与仪器精度相对应的距离范围内，使被测目标对象产生有效的反射信号，因此在相位式扫描仪中都配有反射镜，称为合作目标。

（三）脉冲 – 相位法

脉冲 – 相位法测距是将脉冲法和相位法两种测距方法综合运用，通过脉冲激光信号的连续发射来进行脉冲和相位测距的新型测距方式。其原理是利用发射和接收的时间差来粗测距离，利用相位差来精测距离，将两种测距技术结合起来进行距离的测量。

徕卡（Leica）公司 DISTO 系列手持式激光测距仪就是此类测距仪器，利用数字脉冲展宽细分技术，使得其精度达到毫米级的同时，测程一般在百米以上。它可以快速准确地直接显示距离，是房屋建筑面积测量、短程精密工程测量中最新型的测距工具。

按照激光信号等级划分，地面激光扫描仪有 Ⅰ、Ⅱ、Ⅲ 三种级别。Ⅰ 级激光正常操作时，不会有对人体造成伤害的光辐射。Ⅱ 级激光的辐射范围为可见光谱区，这种产品出厂时需附有警告标记，并做安全测试。Ⅲ 级激光有 3a 和 3b 两种级别。对强光具有正常躲避反应的人，3a 级激光对其裸眼没有伤害。但若利用透镜仪器观察时，会对眼睛产生伤害。3b 级激光的辐射范围是 200～1000000 nm，直视时会对裸眼产生伤害，这种级别激光的生产应该进行严格监管。

四、地面三维激光扫描仪选型

道路工程不同于其他一般的逆向工程，大型带状特征是其独有特点，并且在测量效率和精度方面均有高标准需求，通过对比分析不同种类仪器的参数特性，可以得知相位式仪器较适宜用在道路工程中。相位式地面激光扫描仪种类比较多，不同仪器在测量速度与精度、测距和扫描范围、采集点云的密度等方面也有所区别。

扫描仪的标示精度是在理想情况下获取的，而在实际扫描过程中，选取的标靶的反射率与形状以及垂直扫描角都会影响扫描精度。当垂直扫描角度较大时，会导致激光点、云斑点变形，即圆形成为椭圆或畸形，引起扫描精度降低。

五、测量方案设计

（一）试验路段选取

本次试验选取与兰州在建的环城路相交的一段既有道路，将其用于既有线改扩建工程中。此区域呈带状，由南北走向右转至东西走向，全长大约 1.0 km，土路两侧建筑物稀少，有土堆堆积和河道。

（二）扫描方案确定

根据实际测量要求，需要从可操作性、精度控制及测量效率等方面进行综合考虑，设计可行方案。

为了保证测量效率，结合测量地形图 50 mm 精度的要求，在道路前三站采用标靶球进行站间拼接，通过与全站仪测量得到的三维坐标进行对比，从而检验扫描标靶的拼接精度。之后测站采用全站仪测得的平面标靶坐标赋值给扫描仪测得的同一标靶，从而将扫描仪的三维坐标系统转换成与前三站相同的坐标系统，将所有测站连接起来。

对于前三站，为了保证拼接精度，要求标靶球距扫描仪在 30 m 以内。因此，两站之间的间隔要求不超过 60 m。本次试验，前三站的站间距控制在 50 m 以内。后续测站采用全站仪测量平面标靶坐标进行站间连接，站间距控制在 100 m 以内。为了保证测量效率，前三站采用高分辨率、正常质量模式，后续测站采用中分辨率、高质量模式，每测站扫描时间为 3 min22 s。

六、施测流程

（一）扫描前准备工作

由于作业场地一般是在野外，首先，需要解决电源问题，检查电源是否充满电量，并备好备用电源。其次，准备好参考标志。因为点云处理过程中的坐标转换和配准，都需要按照七参数法进行解算，所以相邻两站间需要至少三个同名点，可用准备参考标志来完成，且这三个参考标志不能够位于一条直线上。在布设参考标志时，需考虑参考标志的摆放位置是否处于最佳情况等。本次测量试验采用的是球形参考标志。再次，选择适宜的天气状况。避免大风天气时，扫描仪器震动造成点云误差。

（二）控制网及标靶布设

由于扫描的坐标系是仪器坐标系，为了进行精度的对比分析，需要进行绝对坐标的统一处理，因而在测地形图之前，首先要在测区内布设控制网，然后采用全站仪和水准仪进行控制测量。

（三）数据采集

地形图扫描测量时，有两种方案来完成扫描作业。一种方案是所有测站都是沿线路中线依次向前推进测量，即线路中线采用一字形测量作业。另一种方案是采用之字形施测，即扫描仪在既有道路两侧交替移站测量。由于采用一字形测量方案时，扫描仪安置在线路中间，既有道路两侧扫描范围等于扫描半径减去1/2既有道路宽度。而采用之字形方案时，既有道路两侧扫描范围大小与扫描半径相同。因此，本次实验采取之字形测量，使测区范围扩大，便于道路改扩建设计时考虑周边环境。

（四）精度分析

扫描时已经对扫描仪器进行了整平，天气状况良好，扫描距离在标识范围以内，测量对象反射特性良好，因此单点扫描精度与仪器标识精度相差微小，对整个工程而言，误差主要由拼接误差引起。由于前三站采用的是标靶球拼接，因此需要验证前三站的拼接误差。以第一站的平面标靶 A1-A4 为固定点，做点云的坐标转换，然后把由传统测量法和地面三维激光扫描法测量得到的第三站的平面标靶 B1-B3 的三维坐标做比较，认为全站仪得到的点位坐标是精确的，则它们之间的差值就是点云的拼接误差。

第二节　点云数据处理关键技术研究

一、数据预处理

点云是采用三维激光扫描仪器所测量得到的目标对象表面的三维信息，其基本单位是点。其中点云内每个点都包含了一系列的信息，比如表示几何信息的点的大小和三维坐标等，以及表示目标对象表面特性的纹理参数、光照参数等。

依照点云排列布局，可以将点云分成四种数据形式，分别是扫描线点云、网格化点云、多边形点云和散乱点云。

扫描线点云[①]的全部单元点都处在扫描面内，由一组扫描线构成；网格化点云内所有单元点均位于参数域中某个均匀网格的顶点；多边形点云则是内部所有单元点均位于一系列互相平行的平面中，同一个平面内，如果将距离最近的 N 个点采用线段进行连接，则构成一系列有嵌套的平面多边形；散乱点云中的单元点是散乱无序的，无显著的几何特点。

三维激光扫描仪采集的测量对象表面点云是以散乱点云的形式呈现的。道路工程属于大型带状结构物，其采集的点云数据量非常庞大，同时在测量过程中，由于操作人员的经验、空气状态等原因，测量的结果会存在误差，甚至出现坐标异常点，这些点在三维模型重建之前需要进行剔除处理；而道路中有大量复杂形状，部分视野阻碍区域会导致测量数据缺失，需要对测量数据进行修补处理；曲率较大区域会有点云过于密集的情况，要做数据的统一处理；对于大型带状的道路工程，需要进行多站测量，所以数据处理时需要首先对点云数据进行站间拼接；站间重合的数据和无用数据（如车辆、房屋等）构成了冗余数据，需要做消冗处理；另外，因为采集的数据量非常庞大，计算机处理特别缓慢甚至出现崩溃状态，需要对采集的点云做精简处理。

因此，在提取道路信息之前，必须对采集的点云信息做一系列的预处理来还原目标对象的真实模型。本节就点云配准、点云去噪与平滑、点云精简压缩以及点云三角网格化方面进行详细的介绍。

（一）点云配准

鉴于道路工程带状结构的特征，工程的测量需要多站完成，然后把多站数据

---

① 王亚平，郭敏. 非接触式激光测量点云数据预处理［J］. 上海计量测试，2006（2）：27-30.

拼接成一个完整的道路工程实景模型，即多站数据配准。其中，每站点云均属于各自独立的仪器坐标系。若想把采集的道路所有点云一起显示出来，必须对其做坐标配准，把全部测站的数据都转到同一个项目坐标系。全站仪采集的数据是大地坐标系，如果要进行精度的对比分析，就需要将配准后的项目坐标系转换到大地坐标系（全球坐标系）中[①]。

点云拼接主要有两种方式，即基于标靶的拼接方式与基于几何特征的拼接方式。对于多数三维激光扫描仪来说，都自带有白色的球形标靶，可以从任何角度进行测量并且反射率高，应用简单方便，因此在测量中，点云拼接方法主要采用球形标靶来进行站间拼接。

其原理是根据扫描的点云数据进行标靶几何中心的搜索和坐标解算，通过一定的数学模型将多站点云数据进行拼接。根据配准模型来划分，主要有求取转换参数的七参数法和求取旋转参数的四元数法。

目前很多算法都是以不同模型为基础发展而来的，比如学者盛业华在七参数法中附加上有限制条件的间接平差模型，对序列坐标转换参数按照闭合条件做加权误差分配，达到降低拼接误差的目的，来完成多站数据间无缝拼接；学者王鑫森利用三点法做数据粗配准后，运用基于四元数法的ICP算法来提高扫描点云数据的拼接精度。

改扩建道路实验中，前三站点云数据采用的是以球形标靶做同名点进行多站点云配准，其余扫描站的点云是以平面标靶为同名点，将平面标靶中心点标定出来后，把全站仪和水准仪获取的平面标靶中心坐标在Z+FLaserControl软件中赋值给标定的平面标靶中点，从而完成坐标系转换工作。所有测站处在相同坐标系后，会自动完成多站整合拼接。

试验采集的道路点云使用仪器自带软件配准之后，需要在GeomagicStudio软件中进行后续的去噪、精简、封装处理，为了提高软件运行速度，首先在Z+FLasterControl中按照点云密度，将其抽稀至30%。

（二）点云去噪与平滑

1.点云的去噪

在三维激光扫描设备采集信息的过程中，测量外部环境的变化和测量设备的内部原因，往往使得扫描得到的点云数据有噪声点，如果不将这些杂散点及时剔除，则会导致封装的模型不能够真实反映测量对象的本来面目。所以要对点云数

[①] 蔡润彬，潘国荣.三维激光扫描多视点云拼接新方法［J］.同济大学学报，2006，34（7）：913-918.

据做平滑去噪的预处理。去噪前首先要对噪声点进行辨别，目前常用的辨别方法是设定一个正常值，依据点云数据有没有超过这个极限值的原则来判断点云是不是噪声点。

2. 点云的平滑

噪声去除后，因为仪器的机械误差以及由风力所引起的仪器抖动等环境误差，都将导致点云数据存在系统误差、随机误差，所以有必要对其做平滑处理，达到降低模型偏差值的目的。平滑处理一般采用高斯滤波法[①]、平均值滤波法或中值滤波法。

所谓高斯滤波法，就是在特定区域内将高频信息滤除。它在此区域中的权重为高斯分布，由于平均效果比较小，因此滤波后比较好地保持了原始数据特征；平均值滤波法就是选用各个点的统计平均值代替原始点云，结果较为平均；中值滤波法就是选用临近三点的平均值代替原始点，可以很好地消除点云的毛刺现象。数据处理时可根据具体情况选取适当的平滑方式。

在改扩建道路信息采集时，由于扫描范围内有树木、房屋、人和车辆等非地形信息，这些都属于噪声数据，所以要对点云做平滑去噪处理，只保留有效的地形数据。本书选用人为判定法进行点云去噪处理。

（三）点云精简压缩

由于激光扫描仪采集的点云中有车辆、行人、楼房、树木等很多无效数据和地形信息等有效数据，数据量非常大，庞大的点云数据量会导致数据处理效率较低甚至引起电脑系统崩溃，为了提高数据处理效率，需要将原始数据进行精简压缩处理，用尽量少的点来保存物体的原有特征。等高线的生成也需要对点云做精简处理。

（四）点云三角网格化

点云三角网格化，即点云表面模型重构，其原理为把位于同一坐标系内的点云经过一定的算法建立正确拓扑连接关系，从而自动生成三角面片，各个小三角面片通过拼接形成网格面来近似地表达目标物体曲面信息。实质是利用大量的微小空间三角形来逼近还原目标物体模型。

在软件中，用户可以根据计算机处理数据的能力和对所建模型的质量要求自行指定三角面片的间隔，生成的三角面片数量与间隔大小成反比例关系，三角面

---

① 张瑞乾.逆向工程中对测量数据进行重定位的研究［J］.烟台大学学报（自然科学与工程版），2004，17（1）：55-58.

片数量越多，所建实体模型越逼真。生成三角面片的过程中，计算机会将重复部分自动变为单层网格，也就是说所建三角网是相互邻接又互不重叠的三角形集。

地面三维激光扫描仪采集的点云数据属于散乱点云，同样可以采用互不相交的三角形近似描述实体模型曲面的方法对其建模。这些三角形的集合即三角剖分。一般有平面投影法和直接剖分法两种方法来做曲面三角剖分。平面投影法的原理是将空间问题转为平面问题，首先将空间点云采用投影法转换到某个平面中，然后采用三角剖分算法得到平面三角网再反射至原来的空间中，使空间三维点间连接关系不变，由此得到三维空间的 TIN 模型。另一种方法是在三维空间中直接使用三点构建三角网模型，即直接剖分法。

Delaunay 三角剖分是基于平面投影的经典方法，它的三角网格有空外接圆特性和最大的最小内角性质。空外接圆特性是指在各 De-launay 三角形的外接圆范围中仅有此三角形的三个顶点，如若还有第四个点，则修改这个三角网至符合这个条件。最大的最小内角性质是指在三角网格内三角形的最小内角最大。这决定了平面中的一组点集，Delaunay 三角剖分算法为构建三角网的最好方法。典型的 Delaunay 三角剖分算法具有分块算法、逐点插入算法及三角网生长法三种形式[①]。

区域扩张法是经典的三维空间直接构网方法。原理是在现有三角片周围寻找适宜的其他点，由此结合构建新三角片，并将此以子元素加入原来三角片集里面。

目前大多曲面构建的算法都是以这两种方法为基础演变而来的。根据道路竣工测量的需求，设置仪器的质量等级和分辨率等级参数，对扫描得到的点云首先进行拼接、去噪、消冗及精简的数据处理，之后进行点云数据封装，从而构造出三角网格模型。最后，利用 GeomagicStudio 软件对生成的多边形网格进行修补、光滑等处理，以实现多边形网格的规则化。

二、基于点云数据的体积量测技术

任何立体结构都可以通过数学解剖划分为有限个体积元，根据积分原理计算立体结构的体积。土方量计算采用的是有限元原理，利用微积分计算实体模型的精确表面面积，依照实际的地形划分成有限个体积元，并对其做积分运算，进一步得到土方量体积。

① 王文标，吴德烽，马玹，等.新型三维激光扫描系统曲面重构技术［J］.红外与激光工程，2011，40（5）：931-934.

用激光扫描仪采集的点云数据历经以上数据处理之后可得到完整的地表模型，在利用 GeomagicStudio 软件计算土方工程量时，首先需要拟合出一个基准面，然后采用有限元原理自动计算出其土方量体积，过程如下：

第一，扫描仪采集到点云数据后，首先利用 GeomagicStudio 软件做配准、平滑去噪以及精简压缩处理，然后点云着色，从而便于识别目标物体。

第二，若要计算土石方的体积，需要将点云进行建模，将点云封装后得到堆积土模型。

第三，由于一些点云间距较大或噪声点云未能删除干净，封装后得到的模型存在空洞、钉状物等问题，需要用网格医生进行多边形修复，并且对空洞部分进行填充。

第四，在此基础上，可在软件中选用分析模块下的计算体积到平面的功能求出堆积土方体积。首先需要拟合出与地面平行的参考面，进而求得土方体积。

利用计算体积到面的方式，得到堆积土方量的体积是 28516 m^3。与 GPS-RTK 测量得到的体积值做对比，其差值在 10% 以内，满足道路工程中体积测量的要求。

第三节　基于点云信息的道路特征提取算法

一、测量区域以及仪器选择

为了验证三维激光地面扫描技术改扩建道路竣工验收中应用的可行性，选取一段处于竣工验收阶段，还未展开运营的道路进行测量实验，测量区域的路况。本次测量采用德国 Z+FIMAGER5010C 地面三维激光扫描仪进行实验研究。

二、施测流程

（一）控制网布设

由于地面三维激光扫描仪有其独立的坐标系统，为了使其测量后的三维坐标转换成大地坐标并且进行测量精度的比较，测量作业前，要设置控制网，选用高精度全站仪测量得到控制点的空间大地坐标，以便用来测平面标靶中心的坐标值。本次选取的实验段总长大约 1 km，按两点距离 100～150 m，共选用 7 个控制点形成闭合环形控制网。

（二）扫描前准备工作

第一，检查电源是否充满电量，并备好备用电源。

第二，备好参考标志。本次测量实验采用的是球形参考标志和标靶纸参考标志。第三，选择适宜的天气状况，避免大风、下雨等天气。

（三）数据采集

本次实验采用高分辨率、普通质量模式进行扫描测量，每站测量时间约为3 min22 s。由于道路工程属于大型带状结构物，因此需要进行多站测量，本次试验采用"之"字形测量，即扫描仪在道路两侧依次向前推进。由于激光扫描仪采集的点云坐标均以激光束发射处作为原点，所以各站点云均有其独有的坐标系。为了将所有测站数据统一到同一个坐标系统下，需要在站间布设至少3个球形标靶，通过拟合球心，根据同名标靶将两站数据进行依次配准。另外，为了将配准后的工程坐标转换成大地坐标，从而与全站仪测量的平面标靶进行精度的对比分析，需要在测量区域的前段与后段分别布设平面标靶，采用高精度全站仪采集前段平面标靶中心的坐标值，并将其赋值给激光扫描仪采集的同一个平面标靶的中心点，完成工程坐标向大地坐标的转换。通过两种测量方式下后段平面标靶中心的坐标对比来进行点云数据拼接精度的分析。根据第二章分析的扫描距离对拼接精度的影响，扫描过程中，为了保证扫描精度，选取标靶球距仪器15～25 m，即两站间的仪器点位间隔30～50 m，以"之"字形依次向前推进。

根据初始实验的测量经验，扫描仪站点选择时避开与反光物体的正对，注意特殊物体的反光性导致测量点云数据缺失的问题。同时，需保证平面标靶的固定性，避免坐标转换时产生误差。

三、数据处理及精度分析

（一）数据预处理

同初始实验一样，需要将外业采集的原始点云数据首先在 Z+FLaserControl 系统软件中进行数据的预处理，具体包括点云配准、数据抽稀等内容。

（二）实测精度分析

扫描仪测量的偏差主要由拼接误差产生。以前段道路的平面标靶为固定点，进行点云数据的大地坐标转换，之后将后段道路的平面标靶的坐标进行两种测量方式的数据对比分析。结果表明：

第一，通过对由两种方式所测量得到的结果进行比较分析可知，三维激光扫描仪所采集到的点位坐标同全站仪测得的结果非常吻合，两平面标靶中心的中误差为 2.9 mm，点云数据拼接后整体效果较好。

第二，利用点云数据提取的道路几何特征信息与原设计道路特征数据进行综合对比分析，其误差在 5 cm 之内，满足道路竣工验收的需求。

（三）道路特征参数提取

道路特征参数是将处理后的数据导入 CAD 中拟合得到。由于道路上包含了很多车辆、行人等非道路数据，因此，预处理完成后需要在 GeomagicStudio 软件中进行数据处理，将无效数据删除，只保留有效的道路点云信息。数据处理步骤包括点云着色、去噪、精简压缩和封装等。

第一，由于庞大的点云数据量会导致 CAD 软件操作速度过慢甚至系统崩溃，在转换数据之前，应先进行点云去噪处理，将明显的非边界点删除。之后采取统一和曲率两种点云精简方法相结合的方式进行点云精简，这样就可以将点云边界显现。最后将其数据转换为 DXF 格式，导入 CAD 中进行道路边界提取。对导入 CAD 的点云数据，根据点信息，拟合出道路边界信息。

第二，道路的横断面信息的获取过程为：首先在 GeomagicStudio 软件中将点云数据封装成为多边形，然后用平行于 YZ 轴的平面裁剪道路某部分。

第三，道路纵断面信息提取方法实质上与横断面获取方法类似。过程为：道路平面线型为直线段时，在 GeomagicStudio 软件中用 0.001 m 的薄片分段截取道路中心线处的纵断面点云信息，经过数据转换后分别导入 CAD 中。道路平面线型为曲线段时，由于 GeomagicStudio 软件无法做曲线截面，因此，需要以 5 m 为步长，用 0.001 m 薄片截取长度为 1 m 的道路中心线处的断面点云信息，经过数据转换后导入 CAD 中。由于每个点数据都具有三维坐标，因此分段导入的点云数据都是整段道路的中心线处点云数据的一部分，根据导入的数据就可在 CAD 中拟合出道路纵断面。

第四章 资源三号卫星遥感影像高精度几何处理关键技术与测图效能评价方法

第一节 资源三号卫星几何模型

一、资源三号卫星简介

资源三号卫星是我国首颗高分辨率光学传输型民用立体测图卫星，用于长期、连续、稳定地获取覆盖全国的高分辨率立体影像和多光谱影像，生产全国1：50000比例尺基础地理信息产品，开展1：25000及更大比例尺地理信息产品的修测和更新，开展国土资源调查和监测，全面服务于地理国情监测等国家重大工程。卫星研制过程中，根据1：50000立体测图的精度和技术要求，卫星研制部门和卫星主用户联合相关科研院所，通过理论推导、模拟仿真、试验验证，全面系统地论证了资源三号卫星所需的平台和传感器性能要求，制定了资源三号卫星研制总体技术指标要求，以保障卫星总体技术指标的控制和测图精度的实现。2012年1月9日11时17分，资源三号卫星于太原卫星发射中心由CZ-4B运载火箭发射升空，进入预定轨道。2012年7月30日，卫星正式由中国航天科技集团公司五院移交到卫星用户国家测绘地理信息局，开展业务运行。

资源三号卫星充分继承我国资源系列使用的卫星平台技术，采用太阳同步圆轨道，轨道高度约为505 km，降交点地方时为10：30 a.m.，可对地球南北纬84°以内的地区实现无缝影像覆盖，轨道重返周期为59天，±32°侧摆能力保障了5天时间内可对同一地区进行重访，设计寿命为5年。

资源三号卫星采用三轴稳定姿态设计，3台星敏感器安装在同一支架上，减小了结构热变形引起的3台星敏感器的相对指向变化，提高了姿态确定精度；同时将星敏感器和相机进行一体化安装，减小了结构热变形导致的星敏感器与相机光轴之间的相对指向变化，提高了相机视轴指向确定精度。星上配置 3 台恒星敏感器（1 台国产 APS 星敏感器和 2 台德国 ASTRO10 星敏感器）和 4 组（每组 3 台）三浮陀螺和光纤陀螺作为姿态测量元件，通过最优滤波技术实现两种测姿系统的优势互补，实现联合定姿，姿态数据频率为 4 Hz。同时传输星图和陀螺等原始数据用于地面处理系统事后姿态测量数据处理，以便获取更高精度的姿态测量数据。卫星配置双频 GPS 接收机和激光测距角反射器，由 GPS 采用双频差分手段获取轨道数据，采用激光测距系统来校验定轨精度，实时轨道测量精度在切向、法向、径向三个方向均优于 10 m，同时传输双频 GPS 导航原始信号用于地面处理系统事后轨道测量数据处理，获取更高精度的轨道测量数据。

　　资源三号卫星共搭载 1 台多光谱和 3 台全色线阵推扫式光学相机。全色相机包括沿轨向前倾 22°的前视相机、近乎垂直对地的正视相机和沿轨向后倾 22°的后视相机，一起构成了三线阵立体相机，其中正视全色相机的地面分辨率为 2.1 m，前视和后视相机的地面分辨率为 3.5 m。多光谱相机包含红外、红、绿和蓝 4 个谱段，与正视相机夹角为 6°，地面分辨率为 5.8 m。四台相机视场角约为 6°，幅宽均大于 51 km。

　　四台相机均采用将多片 TDI－CCD 器件在焦平面上拼接安装，形成一条较长的连续扫描线，获得较大的成像幅宽，其中 3 台全色相机采用半反半透棱镜拼接方式，多光谱相机采用全反射光学拼接方式。正视全色相机焦面由 3 片有效感光探元数为 8192 的 CCD 拼接而成，探元尺寸为 7 μm，CCD 积分时间范围为 281～387 μs。前后视全色相机焦面采用 4 片有效感光探元数为 4096 的 CCD 拼接而成，探元尺寸为 10 μm，CCD 积分时间范围为 477～666 μs。多光谱相机焦面上每个谱段均由 3 片有效感光探元数为 3072 的 CCD 拼接而成，探元尺寸为 20 μm，CCD 积分时间范围为 782～1072 μs。全色和多光谱相机获取数据的量化等级均为 10 bit。

　　资源三号卫星分别在北京密云、海南三亚和新疆喀什设立了地面接收站，接收范围可实现中国全境覆盖，并首次实现了 2×450 mbit/s 的超高码速率遥感数据传输，达到了国际领先水平。卫星传输三线阵立体影像、多光谱影像、姿轨测量数据、影像成像时间以及星图、星敏感器、陀螺数据和双频 GPS 导航原始信号等原始辅助数据,这些数据通过地面站接收并传输给地面影像处理和应用系统。

二、资源三号卫星成像几何

　　资源三号卫星在 505 km 轨道高度大约 7.9 km/s 的对地飞行速度，采用线阵列推扫式传感器对地推扫摄影，将一定时间间隔（积分时间）内CCD线阵上获取的地表反射太阳光成像为一条线状图像，随着卫星在轨道方向推进，时序的方式逐行扫描形成一幅二维影像。线阵列推扫式传感器是一种线中心投影传感器，其每一影像行为中心投影成像，整幅影像为多中心投影成像。为了获取尽可能大的成像幅宽，传感器的推扫摄影方向与CCD线阵列的排布方向垂直。

在卫星成像过程中，描述相机镜头中心、与CCD线阵之间相关位置的参数，如主点、焦距等被称为内方位元素；每行影像成像时刻描述相机位置的信息被称为外方位线元素，描述相机姿态的信息被称为外方位角元素。

为满足立体测图的要求，需要利用同一区域内至少两个不同视角获取的影像构建立体。为了大规模常态化地获取立体影像，同时尽可能降低立体影像间的时相差异，资源三号卫星采用三线阵推扫成像的方式获取同轨立体影像，同时具有通过侧摆以获取异轨立体的能力。前后视相机与正视相机夹角为 ±22°，既可以构建前正后S线阵立体，也可以构建前后视两线阵立体。对立体测量来说，摄影测量的基线和轨道高度的比值（基高比）是影响测量精度的主要因素。一般来说，基高比越大，高程精度相对来说就越好，但在实际应用中如果基高比过大，将会增大投影差，造成影像变形反而影响匹配（量测）精度。资源三号卫星通过卫星轨道和成像载荷设计，实现了同轨前后视立体影像对基高比约为0.89。

三、资源三号卫星在轨几何检校

卫星发射过程中的冲力影响、应力释放，以及在轨运行热环境的剧烈变化等，均会造成卫星载荷状态发生较大改变，导致地面测量的各类设备安装和相机镜头畸变等关键参数值的失效，这些因素将导致影像引入大量几何误差，极大降低了影像的几何定位精度。这就需要通过在轨几何检校来精确获得星上真实成像几何参数，提升影像几何定位精度。几何检校是实现资源三号卫星影像高精度几何处理的基本保障。[①]

国内外主流的遥感或测绘卫星均采用在轨几何检校来保障卫星影像的几何精度，如法国的SPOT系列卫星利用在全球范围建立的21个几何检校场实现常态化、高精度的在轨检校，极大提升了其影像几何精度水平。

资源三号卫星的在轨几何检校主要是通过地面控制数据来消除星上成像系统误差，主要包括设备安装误差、姿轨测量系统误差和相机内方位元素误差等。其

---

① 王峰，宋尚萍，孟凡冬，等.资源三号卫星在轨几何检校地面靶标铺设关键技术初探[J].2013,36(7):110-111.

中设备安装误差和姿轨测量系统误差虽然在较短时间段内表现为系统误差，但是在一个较长时间段内，误差会随时间发生改变，因此称为动态误差，针对其开展的几何检校称为外方位元素检校。而相机内方位元素误差在一个长时间段内（一般指3个月以上）的变化幅度可忽略，因此称为静态误差，针对其开展的几何检校称为内方位元素检校。

外方位元素几何检校的主要内容是构建设备安装误差和姿轨测量系统误差的补偿模型。就对影像几何定位的影响效果而言，设备安装中的平移误差等效于轨道测量误差，设备安装中的角度误差等效于姿态测量误差。

而轨道测量误差主要引起几何定位的平移误差，与姿态中俯仰角和滚动角误差造成的影响等效。因此，为了避免检校参数之间强相关性的干扰，降低外方位元素检校模型的复杂性，检校过程中仅需根据姿态测量误差特性建立外方位元素的补偿模型，亦即采用偏置矩阵 K 补偿姿态误差，实现对整个外方位元素误差的补偿，修正带误差光线指向与真实光线指向之间的偏差。

第二节　资源三号卫星遥感影像产品制作

一、资源三号卫星几何误差分析

任何航天遥感平台在获取地面影像时，受自身和外部因素影响，均不可避免地存在一系列误差。卫星影像的几何定位精度取决于其严密成像几何模型的定位精度，从构建影像严密成像几何模型角度考虑，影响资源三号卫星影像几何精度的误差主要包括内方位元素误差和外方位元素误差等。

内方位元素误差主要包括CCD线阵误差、镜头畸变以及相机安装误差，主要造成推扫式影像行方向上的几何误差和畸变。外方位元素误差主要包括时间误差、轨道测量误差和姿态测量误差，主要影响线推扫式影像列方向上的几何误差畸变。

（一）外方位元素误差

外方位元素误差主要指由于卫星平台在动态成像过程中不规则运动以及姿态轨道测量误差造成的影像变形和误差，主要包括时间误差、卫星轨道测量误差和姿态测量误差，其主要影响线推扫式影像列方向上的几何误差和畸变。

1. 轨道误差

（1）误差的来源及性质

资源三号卫星搭载双频 GPS 作为轨道测量设备，在轨道数据测量过程中由于受各种因素影响将不可避免地出现各种误差。这些误差按照成因和规律可以分成轨道测量系统误差、轨道测量随机误差、轨道测量设备安装误差和轨道建模误差等。

在地面事后精密定轨中，可利用相应模型估算出上述三类系统误差的数量级并修正 GPS 定位结果。

轨道测量随机误差的来源非常多，主要包括接收机内部噪声、卫星中和接收机中振荡器的随机误差，以及外部其他具有随机特征的影响等，还包括卫星轨道摄动模型误差和大气折射模型误差等，定轨随机误差的特点是一段时间范围内随机、量级小（毫米级），但在较短时间内可呈现系统性。

轨道测量设备安装误差是指 GPS 天线相位中心相对卫星质心的位置误差，亦即 GPS 设备的安装偏心距误差，轨道测量设备安装误差实质上也是一种轨道测量系统误差。

（2）误差对影像几何定位精度的影响

从对影像几何定位精度的影响效果来看，轨道误差主要包括沿轨向误差 $\mathrm{d}X$、垂轨向误差 $\mathrm{d}Y$ 和径向误差 $\mathrm{d}Z$。

当轨道位置存在沿轨向误差 $\mathrm{d}X$ 时，此时成像光线的指向不会发生变化，将引起影像在沿轨方向的平移误差，其计算公式为：$\mathrm{d}x = \dfrac{\mathrm{d}X}{GSD_y}$。式中，$GSD_y$ 为沿轨向地面分辨率，由于资源三号卫星采用了延巧成像技术，在不考虑相机视场范围内地球曲率变化的前提下，GSD_y 由卫星对地速度 V_g 和积分时间 Δt_s 共同决定。

2. 姿态误差

（1）误差的来源及性质

资源三号卫星采用了恒星敏感器外加陀螺仪的方法进行联合定制，虽然该方案是目前精度最高的姿态测量方案，但是受到各种因素的影响仍将不可避免地出现各种姿态误差。卫星与地面较远的距离对于姿态误差显现出放大效应，任何微小的姿态误差都将导致对地面几何定位精度产生较大的影响。姿态测量误差按其成因和规律可以分为姿态测量系统误差、姿态测量随机误差、姿态测量设备安装误差和姿态建模误差等。

姿态测量系统误差的主要误差来源包括轨道参数误差引发的误差、卫星抖动源引发的误差以及定姿设备内部系统测量误差等，各误差的性质以及对姿态测量数据的影响如下所述：

第一，资源三号卫星最终的姿态测量数据是通过将星敏感器测量姿态和陀螺仪测量姿态进行联合滤波获得的，由于星敏感器测量的是卫星的惯性姿态，而陀螺仪测量的是轨道坐标系下的姿态，在进行联合滤波前，需要利用轨道的位置和速度信息计算获取轨道坐标系和惯性坐标系之间的变换矩阵，因此轨道测量数据误差将造成该变换矩阵的不准确，从而间接降低了姿态测量的精度。

第二，卫星运行过程中各种摄动力引起的不同表面积受力不均匀、卫星自身的姿态调整以及元器件驱动等均会不同程度地引起卫星抖动或振动。当姿态测量设备受到位于其附近的抖动源或振动源影响时，将引发姿态测量数据的不稳定，造成姿态测量误差。抖动或振动现象具有周期性的特点，一般导致姿态测量设备的安装位置发生符合正弦规律的振动。

第三，星敏感器相机的光学系统畸变和 CCD 探元误差、陀螺的安装误差与刻度系数误差、惯组实际使用环境与惯组标定时实验室环境的不一致等姿态测量设备内部系统性误差都会给姿态测量引入额外误差。

上述三类系统误差均可以通过设计合理的模型进行估算，进而修正姿态测量结果。

姿态测量随机误差主要是由陀螺随机漂移误差、星敏感器 CCD 阵列的暗电流，以及其他外部具有随机特征的影响因素造成的，这些误差微小且随机波动，在一段较长时间范围内呈现无规律性，但在较短时间内也可能呈现出系统性，并对最终的姿态测量精度造成较大影响。

姿态测量设备安装误差是指星上所有定姿设备进行联合滤波时所采用的定姿坐标系与卫星本体坐标之间转换关系的误差，该误差是星上所有定姿设备安装误差的综合。姿态测量设备安装误差实质上也是一种姿态测量系统误差。

同轨道建模误差原理类似，由于姿态数据采集频率远远低于影像行的采集频率，因此需要基于姿态测量设备获取的离散姿态信息，采用一定的姿态模型进行姿态建模，然后通过姿态模型来获取任意时刻的姿态数据。由于姿态测量误差的复杂性以及其他随机因素的干扰，在一些特殊情况下（如姿态数据存在严重抖动），姿态模型对实际姿态的拟合存在偏差，导致引入较大姿态测量数据误差，此即姿态建模误差。

（2）误差对影像几何定位精度的影响

由于欧拉角的物理意义简单明确，本节采用姿态欧拉角进行姿态误差分析。卫星姿态误差主要包括俯仰角误差 $\Delta\phi$，滚动角误差 $\Delta\omega$，以及航偏角误差 Δk。

当姿态俯仰角存在误差 $\Delta\phi$ 时，将使影像在沿轨方向发生位移，其方向和大小的变化使图像产生沿轨拉伸或压缩现象。

3. 时间误差

资源三号卫星采用线阵列推扫式传感器对地推扫摄影时，卫星会记录每行影像的摄影时间；在利用姿态和轨道测量设备测量离散的姿态和轨道数据时，也会同步记录姿态和轨道数据的获取间，而姿态模型或轨道模型实质上均是以姿态时间和轨道时间为自变量的函数。由于每行影像都是线中心投影成像，具有独立的外方位元素，在构建严密成像几何模型时需要基于时间将影像行、姿态、轨道关联起来，因此三者之间时间的统一性非常重要。当影像行时间、轨道时间和姿态时间不同步，即存在时间同步误差时，除了直接造成影像在沿轨道方向定位误差外，还会引起额外的姿态和轨道误差，以及其他比较莫名其妙的误差现象并掺杂在其他误差当中，将极大影响卫星影像几何定位精度，并且在目前几何检校技术下还很难将该时间误差检校出来。所幸的是，资源三号卫星采用了精密授时与精密守时技术，使得在一定成像时间段内具有较高的时间同步精度，达到10μs，对影像几何定位精度的影响较小。

资源三号卫星采用的 TDICCD 需要在一个较短时间内（积分时间）对同一目标多次曝光，通过延迟积分的方法增加光能的收集。其工作过程中要求行扫速率与目标的运动速率严格同步，以保障正确获取目标的图像信息。在卫星运行过程中受卫星轨道因素以及地面点纬度和高程的影响，积分时间需要不断调整，每行影像的积分时间并不连续。受时钟频率和卫星轨道测量值的影响，当卫星运动速度存在变化时，影像积分时间可能会存在跳变现象，导致影像沿轨方向分辨率变化，并可能在外方位元素插值时引入高频分量。

（二）内方位元素误差

内方位元素误差是受传感器制造工艺限制或由安装误差等因素造成的误差，主要包括 CCD 线阵误差、镜头畸变及相机安装误差，其中 CCD 线阵误差主要包括线阵平移误差、线阵旋转误差、探元尺寸误差和多线阵拼接误差等。镜头畸变主要包括径向畸变和偏心畸变。内方位元素误差^①主要造成推扫式影像行方向上的几何误差和畸变。

二、资源三号卫星遥感影像产品分级体系

所谓影像产品分级可以理解为定义了影像数据处理"级别"，通过影像"级别"可以判断其在生产过程中经过的处理流程，达到的质量水平，以帮助用户根据自身业务需要选择适合的影像产品，并了解产品特性，便于更好地使用所挑选的影像产品。因此，卫星影像产品的分级体系是决定影像推广应用水平的关键因素之一。国内外各卫星影像供应商为了满足不同用户对其卫星影像的不同层次的应用需求，均制定了相应的影像产品分级方法，且不同卫星的影像产品分级方法各不相同，甚至差异巨大。本节从满足资源三号卫星测绘服务目标出发，介绍了资源三号卫星影像产品分级的方法和体系。

（一）产品分级

影像产品分级方法主要是由卫星技术特点以及卫星服务目标等因素共同确定的。资源三号卫星作为主要满足中大比例尺立体测图应用的测绘卫星，其影像产品的分级方法主要以几何精度作为分级依据。

直接从星上传输的原始数据是经过压缩和加密的以轨为单位的长条带数据，每个相机载荷摄影获取的一整轨影像数据、摄影过程中测量的外方位元素数据、成像时间数据和卫星成像状态信息等辅助数据均存储在一个长条带文件中。为了便于后续影像产品生产中使用，需要对原始条带数据进行解扰、解密、解压和（或）分景，以及辅助数据的提取和解析等，并对原始数据中可能存在的错误进行检查验证和改正。为此，在资源三号卫星影像产品分级体系中，将经过上述处理后的影像称为"原始影像"，由于原始影像对于绝大多数用户难以使用，通常其只作为后续级别影像产品生产的数据输入，并不向用户分发提供。

在卫星原始影像中，存在着由于 CCD 探元响应不一致而导致的 CCD 片间色差、不同器件间灰度不一致等辐射差异，以及存在的坏死探元导致的无效像元，这些现象都将极大影响卫星影像的可用性，测绘或遥感应用都要求影像应具备辐射均匀、反差适中、纹理清晰、层次丰富、无明显失真、灰度直方图一般呈正态分布等辐射特征，因此需要对原始影像开展相对辐射校正处理，改善辐射状态。此外，为了适用于定量反演等应用，还需要确定相机输入的辐射值与输出的量化值之间的精确量化关系，即进行绝对辐射校正。在资源三号卫星影像产品中，将

① 冷波，王峰，尤红建，等.面阵图像定位精度提升方法研究［J］.全球定位系统，2019，44（4）：8-15.

仅经过相对辐射校正和绝对辐射校正处理后得到的影像产品称为"辐射校正影像产品"，作为"原始影像"的下一级影像产品。由于该级产品并未消除任何成像几何误差，不适合用户直接使用来开展后续测绘或遥感应用，因此并不向用户分发提供。

为了开展立体测图应用，需要一款可以利用其成像几何模型构建影像坐标与物方坐标精确对应关系并且能构建立体的影像产品。通过分析可知，在卫星成像过程中卫星平台运动误差、扫描速率误差、CCD 线阵排列误差和光学系统畸变等都会对影像最终几何精度造成较大影响，严重情况下导致无法适用于高精度测图应用；此外原始影像是分 CCD 获取的分片影像，这也给用户使用带来了不便。因此，在资源三号卫星影像产品分级体系中，将在辐射校正影像基础上，采用系列方法消除或减弱卫星成像过程中的各类畸变或误差，实现分片 CCD 影像无缝拼接，并提供严密成像几何模型参数和有理函数模型参数的影像产品，该产品也被称为"传感器校正影像产品"。

这类产品也是大多数卫星供应商提供的主要影像产品，如 SPOT 系列的 Level-1A 产品、QuickBird 和 Worldview 卫星的 Basic 影像产品等。传感器校正影像产品也是资源三号卫星开展测绘应用的主要影像产品。

将传感器校正影像投影到一定投影系参考面上的具有地理编码信息的影像产品，也是一种应用广泛的卫星影像产品，我们将其称为几何纠正影像产品。根据误差消除和地形改正的程度，其可以细分成多级产品。在几何纠正影像制作过程中，如果没有使用控制点进行误差消除，也没有进行地形改正的几何纠正影像即为系统几何纠正影像产品；如果使用控制点消除了误差提高定位精度，但没有进行地形改正的几何纠正影像即为精纠正影像产品；如果使用控制点和高精度 DEm 数据同时消除了各种系统误差，并进行了地形改正的影像产品即为正射纠正影像产品。系统几何纠正影像虽然可以直接利用所附带的地理编码信息，确定像素坐标和对应地面坐标之间的对应关系，然而它并未利用控制点消除传感器校正影像中存在的各类误差，也未改正地形起伏引起的投影差，因此定位精度较差，为了满足后续利用控制点和 DEm 消除各类误差并进行地形改正的需求，利用其与传感器校正影像的对应关系以及传感器校正影像的成像几何模型，构建系统几何纠正影像的 RFM，如 Ikonos 和 GeoEye 系列卫星的 Geo 级产品（对应于资源三号卫星系统几何纠正影像产品）均附带 RFM。基于相同的原理，为了保留精纠正影像后续进行地形改正的能力，也可以建立其 RFM。

综上所述，出于满足资源三号卫星影像的测绘应用需求，根据影像的处理级别和地理定位精度，资源三号卫星影像产品可划分为 6 个级别，从低到高依次是原始影像、辐射校正影像、传感器校正影像、系统几何纠正影像、精纠正影像和正射纠正影像。

（二）产品构成及要求

为了满足遥感影像产品在实际应用中的使用需要和便利性，各级影像产品除了影像文件之外，还应附带一些其他必备或可选的辅助文件，如几何模型参数文件、元数据文件、影像浏览图文件等，共同构成一个完整的影像产品。从满足资源三号卫星影像产品测绘生产和应用的角度考虑，以下定义了各级遥感影像产品的组成文件。

遥感影像产品各组成文件的内容和要求定义如下：

第一，影像文件：存储了影像数据，数据格式可采用标准的 GeoTiff 格式，如果数据量大于 2 GB 时，可采用标准的 Erdas-Image 格式。

第二，轨道测量数据文件：存储卫星成像时刻星上轨道测量设备生成的卫星轨道位置和速度等信息，可采用 ASCII 编码文本格式。

第三，姿态测量数据文件：存储卫星成像时刻星上姿态测量设备生成的卫星姿态信息，可采用 ASCII 编码文本格式。

第四，成像时间数据文件：存储影像文件中每行影像的成像时刻信息，可采用 ASCII 编码文本格式。

第五，卫星状态记录文件：存储卫星成像时各种设备的状态信息，如积分时间、增益级数等，可采用 ASCII 编码文本格式。

第六，辐射模型参数文件：记录辐射处理过程中采用的辐射校正方法、绝对辐射定标系数等信息，可采用可扩展标记语言描述的纯文本格式。

第七，浏览图文件：存储针对产品影像降采样后生成的低分辨率快视图片，在保持产品影像原有宽高比的前提下，快视图片宽度为 1024 个像素，推荐采用 JPEG 文件格式。

第八，拇指图文件：存储针对产品浏览图进行降采样生成的更低分辨率的快视图，在保持数据原有宽高比的前提下，重采样图片宽度为 256 个像素，推荐采用 JPEG 文件格式。

第九，严密几何模型参数文件：记录产品的构建严密成像几何模型所需的内外方位元素参数信息。如果严密模型保密，可采用加密的自定义二进制格式；如果严密模型公开，采用 ASC Ⅱ 编码文本格式。

第十，RFM 参数文件：存储基于产品严密成像几何模型生成的有理函数模型的参数，可采用 ASC Ⅱ 编码文本格式。

第十一，元数据文件：存储遥感影像产品的文件组成、基本信息、生产过程信息、数据质量元素（即产品质检项及质检结果）、分发信息等，一般采用可扩展标记语言描述的纯文本格式。

第十二，空间范围文件：存储影像产品数据体有效区域地理范围的矢量线划图（采用 WGS84 坐标系下的经纬度坐标），以及重要的元数据信息项，可采用 ESRIshapefile 格式。

第十三，许可文件：记录数据的许可权限及版权等信息，可采用 ASCII 编码文本格式。

第十四，READmE 文件：记录必要的自述信息，可采用 ASC Ⅱ 编码文本格式。

（三）产品模式

资源三号卫星搭载了包含前、正、后视的王线阵立体全色相机和 1 台包含 4 个谱段的多光谱相机，在一次推扫成像过程中就可以同步获取同轨的 3 个不同成像视角的全色影像以及多光谱影像。因此资源三号卫星的各级遥感影像产品包括单片影像产品和由多片全色影像捆绑组合而成的立体影像产品。

单片影像产品即正视全色影像和多光谱影像，两者还可以通过影像融合生成同时兼具较高空间分辨率和较高光谱分辨率的融合影像。根据用户应用需求，前后视影像、前正视影像或后正视影像的捆绑组合可以构建两视立体影像产品；前正后 3 张全色影像的捆绑组合可以构建三视立体影像产品。组合构建体影像对的先决条件是单片全色影像之间存在一定的交会角度，因此传感器校正影像产品包含立体影像对模式。系统几何纠正影像和精纠正影像是投影到指定投影参考面上的几何纠正后影像，虽投影过程会影响影像之间的交会角度，但并没有消除地形起伏造成的投影差，因此这两类影像产品也可以包含立体影像对模式。但是在开展立体测图应用时，推荐采用传感器校正影像产品的立体像对产品。

各级影像产品的存储模式可分为标准景和长条带两种。为了便于影像产品的组织、管理、分发和使用，绝大多数卫星影像提供商一般按分景模式提供其影像产品，资源三号卫星的标准景影像是指从整轨影像中按一定规则截取与相机成像幅宽相等长度的分景影像，其宽度为相机实际成像幅宽。由于同轨获取的条带影像中，各类误差一般表现出系统性，在使用较少的控制点情况下就可大幅消除误差，提升整个长条带影像的绝对定向精度，因此在测绘应用中，为了减少控制点数量，有时往往需要以长条带影像作为数据源开展测绘生产活动，针对这一需求，资源三号卫星也可以根据用户需要按长条带模式提供影像。

三、传感器校正影像产品生产

传感器校正影像产品较好地保留了卫星原始成像几何特点，是生产后续其他遥感影像产品和基础地理信息产品的最重要基础影像产品，其产品质量是影响资源三号卫星测图应用效果的关键因素之一，更是决定无控制测图应用精度的主要因素。从资源三号卫星影像产品的分级定义来看，传感器校正影像产品的生产是以辐射校正影像产品作为数据源的，辐射校正影像产品仅针对原始影像开展了相对辐射校正、绝对辐射校正等辐射相关处理，并未对原始影像做任何形式的误差改正和几何处理，其影像组织形式和产品文件构成等都与原始影像基本一致。

（一）虚拟重成像技术原理

结合资源三号卫星的成像几何原理，在极其理想情况下，假设卫星内外方位元素均不存在误差，则资源三号卫星推扫成像过程处于理想的状态，具体包括：第一，拥有具备理想线中心投影能力的无畸变相机，包括具备理想小孔成像能力的无畸变理想镜头；拥有不存在焦距误差和 CCD 安装倾斜的理想焦平面；多组 CCD 线阵在焦平面上为理想拼接，其效果等效于单组直线 CCD 线阵；CCD 探元尺寸一致且等间隔分布。第二，拥有平滑的轨道，不存在噪声。第三，拥有稳定或平缓变化的平滑姿态，不存在振动和抖动。第四，每行影像拥有相同的积分时间，保证影像沿轨向的分辨率一致。

在实际成像过程中，卫星内外方位元素均存在各种类型和性质的误差，前述的理想假设情况是不存在的，导致影像存在较大的内部化几何畸变和定位误差。为了满足高质量的测图应用，需要在传感器校正影像生产过程中减弱或消除这些误差。此外，卫星原始影像是以分片 CCD 影像的形态获取并传输的，为了提供较大幅宽影像以便于用户使用，还需要对各分片 CCD 影像进行几何无损拼接，这也是传感器校正影像产品生产的核心技术。

为了有效消除卫星成像过程中存在的各类畸变和误差对传感器校正影像产品的影响，并实现分片 CCD 影像的高精度拼接，本书采用虚拟重成像技术来制作高质量的传感器校正影像产品。其基本设计原理是基于资源三号卫星真实内外方位元素，虚拟出前述的极其理想情况下的卫星成像状态，通过重成像技术获取新的影像。具体过程为：基于真实相机参数，虚拟一个搭载了单片理想 CCD 线阵且不存在各种内方位元素误差的理想相机；基于卫星真实轨道和姿态参数，通过姿轨优化，虚拟一个不含噪声和振动的卫星轨道和姿态；基于卫星每行影像的真实成像时间，通过归一化积分时间，虚拟一个积分时间一致的每行影像成像时间。最终通过虚拟相机在虚拟轨道上保持虚拟姿态，并采用虚拟的每行影像成像时间，依据资源三号卫星成像几何原理就可"摄影获取"一幅虚拟影像，此虚拟影像即为我们需要制作的传感器校正影像。

（二）虚拟内方位元素构建

资源三号卫星搭载三线阵相机均采用透射式像方准远心光学系统。CCD 组件均采用半反半透的光学拼接方式，其原理是在半反半透棱镜的透射区和反射区上分别安装 TDICCD 线阵，地物光线入射棱镜，经分光后分别投射到透射区和反射区的 TDICCD 线阵上，从而实现多片 TDICCD 直线拼接。正视相机焦平面由 3 片拥有 8192 探元的 TDICCD 拼接而成，相邻 TDICCD 线阵间重叠探元数为 23 个，像元大小为 7 μm；前、后视相机焦平面均由 4 片拥有 4096 探元的 TDICCD 拼接而成，相邻 TDICCD 线阵间重叠探元数为 28 个，像元大小为 l0μm。多光谱相机采用离轴三反光学系统，焦面组件由 3 片 TDICCD 线阵采用全反射式光学拼接而成，每片 TDICCD 包含 4 个拥有 3072 个感光探元的多光谱谱段，分别为蓝、绿、红和近红外波段，像元尺寸为 20 μm。

由于制作工艺、安装以及在轨物理环境等多种因素影响，相机内部存在各种 CCD 误差，例如制作工艺误差将造成 CCD 探元大小不一以及在沿线阵方向不是严格直线排列，安装误差将造成 CCD 线阵与理论安装位置存在偏移和旋转等偏差，及多片 CCD 之间的拼接误差，导致多片 TDICCD 在焦平面无法形成一条严格的连续直线。此外相机内部还可能存在镜头光学畸变、焦距误差等。这些因素使得相机实际成像过程中无法实现理想的线中心投影，导致了影像中存在各种不规律畸变和几何定位误差，严重影响了影像化几何的质量。

通过构建一个不包括上述误差的虚拟相机，虚拟重成像过程中生成的传感器校正影像中心就消除了上述相机内部误差导致的影像畸变和几何定位误差。虚拟相机的构造过程是在真实相机基础上构建一条理想的虚拟连续 CCD 线阵；同时采用相机的实际焦距（或者相机焦距的理论设计值）作为焦距，虚拟相机主光轴与焦平面交点为主点，并设定相机镜头等部件不存在畸变和误差。

由于虚拟 CCD 线阵与真实各片 CCD 线阵的偏场角之差越大，地形起伏或高程误差对虚拟影像构建过程中引入的误差影响也越大，因此将虚拟 CCD 线阵"安置"在焦平面上所有真实 CCD 线阵的正中间是最优选择。同时为了保证尽可能不改变影像地面分辨率和成像幅宽，虚拟 CCD 线阵的宽度应等于所有真实 CCD 线阵垂直轨道方向的总体宽度，虚拟 CCD 探元的尺寸可采用真实 CCD 探元尺寸的理论设计值。

（三）虚拟外方位元素构建

卫星成像过程中，姿态、轨道和成像时间中存在的各种误差都将造成影像畸变及几何定位误差，严重影响影像几何质量。虚拟外方位元素实质上是基于原有的姿态、轨道和影像行成像时间数据进行误差消除后生成的经过优化的姿态、轨道和影像行时信息。在虚拟重成像过程中采用这些虚拟外方位元素，则生成的虚拟影像中能有效减弱或消除真实影像中由于外方位元素误差而导致的内部畸变。

1. 虚拟影像行成像时间构建

资源三号卫星在每行影像摄影成像时均会记录其成像时间，并且会随同影像数据一起传输到地面接收站。成像时间由 GPS 硬件秒脉冲发出的整秒时刻 T、相机信号处理器内部的计数器值 n 以及计数器计数的时钟频率 F 三部分组成。当整秒时刻发生改变的瞬间，计数器的计数归 0。影像行的成像时间采用下式计算获取：

$$t = T + \frac{n}{F}$$

由于各种因素影响，影像行积分时间可能会发生跳变现象，造成相邻影像行的成像时间间隔大于正常值，导致影像沿轨方向分辨率发生变化，并可能在外方位元素插值时引入高频分量。为在生成的虚拟影像中消除这些不良现象及影响，需要真实的影像行成像时间为基础，为整轨（或整景）影像设置一个统一积分时间并重新计算生成一个拥有相同积分时间的影像行成像时间。在获取该统一积分时间 Δt 时，需要对真实的整轨（或整景）影像行积分时间进行统计获取，具体公式如下：

$$\Delta t = \frac{t_1 - t_0}{l_1 - l_0 + 1}$$

式中，t_0 为真实影像中第一行有效影像 l_0 的成像时间，t_1 为真实影像中最后一行有效影像 l_1 的成像时间。

2. 虚拟轨道和姿态数据构建

虚拟轨道数据的构建实质上是通过改正或减弱原始轨道数据中的噪声等误差，获取一个经过优化的卫星轨道数据。

资源三号卫星可以提供两种轨道测量数据：星上直接传输的 GPS 实时定轨数据和事后地面处理的精密定轨数据。卫星在轨飞行过程中 GPS 设备可以进行星上实时定轨，并对卫星轨道位置进行粗略定位，定轨结果随影像数据一同被地面站接收。经过实际测量和验证，星上实时定轨位置精度优于 5 m（三向，1σ），速度精度优于化 0.5 m/s（1σ），其精度在国产卫星中处于较高水平。由于受到各种因素影响，星上传输的实时定轨数据中可能存在噪声，直接采用其作为外方位线元素时，在构建虚拟影像时将会造成影像畸变和几何定位误差。为此需要消除轨道中的噪声等误差，构建虚拟轨道数据。其具体做法是采用轨道多项式模型来拟合真实的轨道数据，达到消除轨道噪声的目的。在轨道模型构建过程中，可通过将真实的定轨数据作为观测值，采用最小二乘法求解出相应的多项式模型。在虚拟重成像过程中，将采用该多项式模型拟合的轨道数据作为外方位线元素。

资源三号卫星事后地面处理的精密定轨是采用非差动力学定轨方法，利用空间距离后方交会原理，以星载 GPS 接收机获取的 4 颗及以上 GPS 卫星距离观测值为依据，基于低轨卫星运动方程和状态方程求解初始状态参数而获得的，精密定轨数据在切向、法向、径向 3 个方向精度均优于 0.1 m，相比星上实时定轨数据的精度提高了两个量级。精密定轨数据可以认为不存在噪声和其他各种误差，如果能够获取精密定轨数据，在虚拟重成像过程中可以将其直接作为外方位线元素。

资源三号卫星同样可以提供两种姿态测量数据：星上直接传输的实时定姿数据和事后地面处理的精密定姿数据。资源三号卫星采用最优滤波技术实现星敏感器和陀螺仪联合定姿，然而由于受到星上计算能力的限制，星上实时定姿时采用的姿态滤波算法经过了一定的简化，如其滤波增益矩阵简化为常值矩阵，这导致星上直接传输的实时定姿数据精度不高，经过实际在轨测量和验证，星上直接传输的实时定姿数据的绝对测量精度为 1.5″ ～ 2.0″（三轴，1σ），稳定度优于 1.5×10^{-4} °/s（3σ）。

事后地面处理的精密定姿是通过设计更加先进的滤波算法对敏感器和陀螺的原始测量数据进行处理，以获取更高精度的姿态测量数据。具体方法是根据星敏感器原始测量数据建立量测方程，根据卫星姿态运动方程和陀螺仪测量模型建立状态估计误差方程，并基于扩展卡尔曼滤波方法设计姿态滤波器，获取最优的高频姿态角速度和四元数，提高卫星定姿精度。

此外，可采用虚拟的轨道数据和姿态数据作为外方位元素，通过虚拟重成像过程生成的虚拟影像可以消除或弱化真实影像中由卫星平台外部误差造成的影像畸变及定位误差。

四、几何纠正影像产品生产

几何纠正影像（包括系统几何纠正影像、精纠正影像和正射纠正影像）是针对传感器校正影像进行误差消除或地形改正后按一定分辨率投影到特定投影系参考面上的影像产品。误差消除和地形畸变改正的程度是区分上述三种影像产品的关键指标。将传感器校正影像投影到某投影系下参考椭球面上时，如果不使用控制资料和地形数据，制作的影像是系统几何纠正影像；如果使用了适量的控制资料，通过相应的改正模型消除或减弱了传感器校正影像中的误差提高定位精度，制作的影像就是精纠正影像；如果通过使用适量控制点和数字高程模型数据，消除或减弱了影像中包括地形起伏在内的各类误差，制作的影像就是正射纠正影像。

传感器校正影像作为几何纠正影像的数据源，两者像素之间必然存在一一对应关系，通过传感器校正影像的成像几何模型，可以建立起几何纠正影像的像点与地面点坐标之间的变换关系，即几何纠正影像的成像几何模型。系统几何纠正影像和精纠正影像均可以附带成像几何模型，便进一步用于后续高精度立体测图应用。

（一）几何纠正原理

几何纠正是利用纠正后影像与待纠正影像之间的几何对应关系，实现两个二维影像之间的几何变换，通过灰度重采样及灰度赋值生成纠正后影像的过程。因此，几何纠正包含两个主要过程：一是纠正后影像与待纠正影像之间像素坐标的转换过程，即将待纠正影像上的像素坐标转变为纠正后影像上的像素坐标。二是从待纠正影像上进行像素灰度值重采样，并赋值给纠正后影像上的对应像素。

待纠正影像的像素坐标（x，y）与纠正后影像像素坐标（X，Y）之间的几何映射关系可以采用如下两种方法表示：

$$x = f_x(X，Y)，y = f_y(X，Y)\text{和}X = \varphi_x(x，y)，Y = \varphi_y(x，y)$$

采用公式 $x = f_x(X，Y)$，$y = f_y(X，Y)$ 进行几何纠正是通过纠正后影像上的像素坐标（X，Y），反求出其在待纠正图像上对应的像素坐标（x，y），称为反解法（或间接解法）。采用公式 $X = \varphi_x(x，y)$，$Y = \varphi_y(x，y)$ 进行几何纠正是通过待纠正图像上的像素坐标（x，y），求解其在纠正后影像上对应的像素坐标（X，Y），称为正解法（或直接解法）。由于对待纠正影像逐像素使用正解法求得的纠正后影像上对应像素坐标并非规则排列，如局部区域可能没有像素分布，而局部区域却出现重复像素，从而很难获取规则排列的纠正后影像。因此一般情况下主要采用反解法进行几何纠正。

（二）系统几何纠正影像产品生产

系统几何纠正影像是指以传感器校正影像作为数据源，按照给定的地面分辨率和地球投影方式，投影到地球椭球上成像区域平均高程面上的影像产品。系统几何纠正影像产品生产过程主要包括系统几何纠正影像生成、成像几何模型构建，及其他组成文件的生成。

系统几何纠正影像和作为数据源的传感器校正影像的像素之间存在一一对应关系，在此基础上通过传感器校正影像的成像几何模型，就可以获取系统化几何纠正影像的像素坐标和地面对应大地坐标之间的数学变换关系，亦即构建了系统几何纠正影像的成像几何模型。

几何纠正影像是投影到特定的投影面上的影像，地图投影的本质是巧用一定数学法则把地球表面（参考椭球）的经、纬线转换到平面上的数学方法。由于地球是一个不规整的梨形球体，表现为赤道略宽两极略扁，其表面是不可展平的曲面，因此无论采用任何数学方法进行这种转换都不可避免会产生变形和误差，为满足不同的误差限制需求，就产生了各种各样的投影方法。资源三号卫星系统几何纠正产品，主要采用高斯－克吕格投影、UTM 投影，或者也可不采用投影而直接采用经纬度坐标。而参考椭球上的大地经纬度坐标和投影平面上对应点坐标之间的数学变换关系，就是投影变换关系。

（三）精纠正影像和正射纠正影像产品生产

精纠正影像产品是指在传感器校正影像或系统几何纠正影像基础上，利用一定数量控制点消除或减弱影像中存在的系统性误差，并按照指定的地球投影和该成像区域的平均高程，以一定地面分辨率投影在地球椭球面上的几何纠正影像产品。利用控制点消除影像中存在的系统误差实质上是指消除作为数据源的传感器校正影像或系统几何校正影像成像几何模型中的误差，实现这一目标需要采用区域网平差方法实现数据源影像的高精度绝对定向。

精纠正影像产品生产过程主要包括精纠正影像生成、成像几何模型构建，及其他组成文件的生成。精纠正影像成像几何模型构建方法与系统几何纠正影像基本一致，唯一的区别就是系统几何纠正影像成像几何模型构建过程中是直接利用了传感器校正影像的成像几何模型，而精纠正影像成像几何模型构建利用的是经过控制点精化后影像源（指传感器校正影像或系统几何纠正影像）的成像几何模型。

正射纠正影像产品是在传感器校正影像产品、系统几何纠正影像产品或精纠正影像产品基础上，利用一定精度的数字高程模型数据和适量控制点，消除或减弱影像中存在的系统性误差，改正地形起伏造成的影像像点位移，并按照指定的地图投影、一定地面分辨率投影在指定的参考大地基准下的几何纠正影像产品。其生产过程与精纠正影像的生产过程基本一致，唯一的差别就是纠正过程中使用的不是该区域的平均高程，而是使用外部提供的高精度数字高程模型数据，此外正射纠正影像由于已经改正了地形起伏造成的投影差，因此也不必构建成像几何模型。

第三节　高程约束的无控制区域网平差

一、基于 RFM 的区域网平差

有理函数模型是利用有理多项式建立影像的像方（影像像素坐标）与其对应的物方（地面大地坐标）之间的数学映射关系，因其参数不具备任何具体的物理意义，在区域网平差过程中心就无法通过严密分析误差来源来改正模型误差，而是通过采用偏移补偿的方式进行模型误差改正，目前主要包括物方补偿和像方补偿两种补偿策略。

基于物方的补偿模型是构建一个物方坐标点的多项式模型，针对 RFM 计算的地面点坐标采用该多项式模型进行补偿。该模型平差过程中将立体模型作为平差单元，模型的物方坐标作为观测值，计算获取各个模型单元的系统误差的补偿参数[①]。由于模型的物方坐标并不是严格意义上的观测值，因此基于物方补偿的 RFM 区域网平差在理论上并不严密。

基于像方的补偿模型是建立一个影像像方坐标点的多项式模型，通过该多项式模型针对 RFM 计算获得的像点坐标进行补偿。该模型平差过程中将单景影像作为平差单元，观测值为影像像点坐标，计算求解各影像系统误差的补偿参数。其误差方程是基于共线方程光束法区域网平差理论建立的。研究表明，基于像方补偿的 RFM 区域网平差可以很好地消除影像的系统误差。[②]

采用像方补偿方案的多项式模型形式（也即基于 RFM 的平差模型）如下：

$$sample = \Delta x + x + \varepsilon_S$$

$$line = \Delta y + y + \varepsilon_L$$

式中，（$sample$，$line$）为归一化后的像方坐标，可以是控制点或者连接点；ε_L 和 ε_S 为随机非观测误差；（x，y）为有理函数模型计算之像方坐标。

·卫星姿态和轨道测量数据的误差具有强相关性。传感器在沿轨飞行方向的轨道误差和姿态俯仰角误差所引起的像方定位误差模式一致，均会造成影像在列方向产生平移误差。在垂直轨道方向的轨道误差和姿态滚动角误差所引起的像方定位误差模式也基本一致，均会造成影像在行方向上产生平移误差。而卫星轨道的径向误差将造成影像行方向的缩放。姿态偏航角误差所引起的影像列方向上的误差可以忽略不计，在行方向上造成的影响为线性偏移。资源三号卫星的时间同步精度较高，造成的影像误差可以忽略，而积分时间跳变，将会引起影像列方向的平移误差，导致不同影像行的分辨率存在差异。

CCD 线阵安装时偏移误差将引起影像成像范围的改变，其造成的影像几何定位误差为简单的等效平移误差；CCD 线阵安装时旋转误差将引起影像的旋转；CCD 探元大小误差将引起影像在行方向的缩放；多 CCD 线阵拼接误差是前述 CCD 误差的综合效果。相机镜头径向误差使成像点沿径向产生误差，造成影像的

① 刘军，王冬红，毛国苗. 基于 RPC 模型的 IKONOS 卫星影像高精度立体定位[J]. 测绘通报，2004（9）：1-3.
② 韩杰，顾行发，余涛，等. 基于 RFM 的 ZY-3 卫星影像区域网平差研究[J]. 国土资源遥感，2013，25（4）：64-71.

缩放；相机镜头偏心误差导致沿径向方向和垂直径向方向真实成像点相对于其理想成像位置均发生偏移，引起平移误差。相机安装误差包括安装平移误差和安装角度误差，其中安装平移误差对影像的影响等效于轨道位置误差，安装角度误差对影像的影响等效于姿态误差。

在高精度在轨几何检校基础上，采用基于虚拟重成像技术构建的资源三号卫星传感器校正影像极大地消除或减弱了由于内方位元素误差导致的各类不规则畸变，在 1 ： 50000 比例尺测绘应用的尺度下，其所造成的影像误差几乎可以忽略。因此，影响影像几何定位精度的主要因素为卫星的姿态和轨道测量数据误差。

综合上述分析，对外分发的用于测图生产应用的资源三号卫星影像产品中主要存在由姿态、轨道等外方位元素误差造成的影像像方的平移、缩放和旋转等误差，因此采用基于像方的仿射变换，在理论上可以较好吸收和补偿影像中存在的这些误差，提升影像几何定位精度。

二、SRTM 辅助的无地面控制立体区域网平差

根据大量国内外学者的研究和实验表明，在无地面控制条件下，资源三号卫星传感器校正影像的平面中误差一般为 5 ～ 20 m，同轨立体像对的交会高程中误差一般为 6 ～ 15 m。另外，我国各尺度基础地理信息产品的高程精度要求相比于平面精度通常要高出许多倍，例如 1 ： 50000 比例尺地形图在丘陵地区的平面精度要求是 25 m，而高程精度要求却比平面精度整整高出 5 倍，达到了 5 m，其他地形类型也存在同样的现象。这表明在无地面控制条件下，资源三号卫星影像平面精度可以满足我国 1 ： 50000 比例尺测图的平面精度要求，而高程精度却达不到 1 ： 50000 比例尺测图的高程精度要求，因此在无地面控制条件下的卫星影像测绘应用中，高程精度是制约卫星影像测图精度的关键因素。

在不借助地面控制资料条件下，通过几何手段实现资源三号卫星影像高程精度的较大幅度提升并满足 1 ： 50000 比例尺测图的高程精度要求，这对基于国产卫星的全球 1 ： 50000 比例尺测绘以及控制获取困难地区的高精度测图都拥有非常重要的实际意义和研究价值。

（一）高程约束的无地面控制立体区域网平差原理

在传统区域网平差中，未知数包括影像像方的仿射变换参数改正值，以及连接点对应的物方大地坐标的改正值。在平差解算过程中，连接点对应的物方大地

坐标的初始值和改正值均是通过立体像对前方交会获取，在无地面控制条件下，显然这些物方大地坐标的精度由参与平差立体影像的原始精度决定。当参与平差影像精度较低（含有不同程度的系统误差），且区域网中不同区域的影像精度不一致时，将导致各连接点对应的物方大地坐标中都残存有不同量级的误差，而最终的平差结果相当于对所有连接点物方大地坐标误差进行了一次平均。因此不使用控制点的自由网平差是对所有参与平差影像的误差进行了一次平均，并不能够显著提升区域内影像的整体平面和高程定位精度。

为了提升自由网平差后立体影像的高程精度，本节提出了外部高程数据约束的基于 RFM 的无控制立体影像区域网平差方案。该方案通过采用像方仿射变换模型来补偿影像 RFM 的系统误差，其平差模型和误差方程均采用基于 RFM 的区域网平差的平差模型和误差方程。外部高程数据约束的基于 RFM 的无地面控制立体区域网平差和经典的基于 RFM 的无控制立体区域网平差，最主要的差异在于平差解算过程中对连接点物方大地坐标高程值的处理方法不同。该方案在区域网平差解算前，所有连接点物方大地坐标的平面初始值由立体像对前方交会获取，但是高程初始值则利用外部数字高程模型数据获取。

（二）基于 SRTM 约束的无地面控制立体区域网平差

以美国国防部国家图像测绘局（NIMA）和航空航天署（NASA）共同主持，德国航天航空中心和意大利太空局参与，开展的"航天飞机雷达地形测绘"计划为例，该计划以 6 cm C 波段航天图像雷达（SIR-C）和 3 cm X 波段合成孔径雷达（X-SAR）加以实施，并获得相应全球地形信息。通过历时 222 h23 min 的数据采集工作，获取了覆盖北纬 60°至南纬 56°之间，占全球陆地表面总面积 80% 以上的雷达影像数据，在经过两年多时间的数据处理工作后制作形成了规则格网的数字高程模型产品。由于某航天飞机携带了两种不同波长的雷达，因此 SRTM 的 DEm 产品也相应地拥有两种分辨率，即 3″ × 3″ 的 90 m 分辨率的 SRTM3 和 l″ × 1″ 的 30 m 分辨率的 SRTM1。全球范围的 SRTM3 数据已于近年被解密并提供公开免费下载，经过多次修订后目前最新的版本为 V4.1 版本；而北美和欧洲部分区域可以免费下载 30 m 分辨率的 SRTM1 数据。SRTM 数据集是目前公开的全球范围最高精度的规则格网地形数据之一，也是目前应用最为广泛的公开免费数字高程模型数据之一，如谷歌地球所使用的高程数据即为 SRTM。本书的研究工作中主要采用 SRTM3 数据作为无地面控制区域网平差的参考 DEm，为了便于后文描述，在无特殊说明的情况下，文中 SRTM 指的是 SRTM3 数据。

　　SRTM 的高程基准采用 EGm96（Earth-Gravitational-model-96）水准面，高程坐标单位为 m；平面基准采用 WGS84 大地基准、平面坐标采用经纬度。SRTM 标称的绝对高程精度为 16 m（LE90），相对高程精度为 10 m（CE90），绝对平面精度为 20 m（CE90），相对平面精度为 15 m（CE90）。LE90 和 CE90 是美国摄影测量界常用的高程和平面精度表示方法，表示 90%（1.64 倍中误差）的高程和平面误差不超过精度数值。将其换算为我国常用的以中误差形式表达的几何精度，则 SRTM 标称的绝对高程精度为 10 m（1σ），相对高程精度为 6 m（1σ），绝对平面精度为 12 m（1σ），相对平面精度为 9 m（1σ）。国内外众多机构和学者已经对全球范围内 SRTM 数据精度开展了广泛的研究和验证，结果表明：SRTM 的高程精度与地形类型存在较强的相关性，在高程较小的平坦地区其高程精度较高，中误差甚至可优于 2～6 m，而在山地、高山地等高程起伏较大区域的精度相对较差，但也至少优于其标称精度。

　　鉴于 SRTM 数据免费获取、数据覆盖范围广阔，并且在平坦地区的高程精度较高（甚至达到了我国 1∶50000 比例尺基础地理信息产品高程精度标准）等特点，本节基于上节描述的高程约束的无地面控制立体区域网平差方法，提出了基于 SRTM 约束的无地面控制立体影像区域网平差方案，用于提升资源三号卫星立体影像的区域网平差高程精度。针对 SRTM 数据在平坦地形区域的精度优于起伏地形（山地和高山地地形）区域的特点，将区域网覆盖范围概略地划分为平坦地形区域和起伏地形区域。地形类型的划分，既可以基于 SRTM 的显示效果通过人工目视方法划分，也可以参照我国测绘相关标准中地形类型划分原则，即按图幅范围内大部分的地面倾斜角和高差划分不同地形类型，通过将区域网覆盖范围按一定规则划分成若干图幅，利用 SRTM 计算各图幅的地面倾斜角和高差，并按下表的划分标准确定各图幅的地形类型。

　　为了避免 SRTM 局部区域高程值错误或精度低下等偶然因素对整体高程精度的影响，在区域网平差中连接点数量应尽量充足且点位分布应尽量均匀。根据实践经验，针对资源三号卫星前后视立体影像建议在行和列方向上分别每隔 150 个像素布设一个连接点，即每一标准景立体影像对上均匀布设约 100 个连接点。通过密集且均匀的连接点分布，可以有效降低 SRTM 中偶然误差的影响，提升区域网平差整体精度水平。

三、SRTM 辅助的无地面控制平面区域网平差

在基于资源三号卫星影像的测绘应用中，常常需要利用卫星正视影像和多光谱影像作为数据源开展高精度几何处理以及后续基础地理信息产品生产，如在基于卫星影像的正射纠正影像产品生产中，通常选用近乎垂直对地成像的正视影像作为数据源。为了保障影像的最终绝对定向精度以及相邻影像之间的接边精度，采用区域网平差方法实现正视影像的高精度定向是业务化生产的首选方案。卫星正视影像之间的交会角一般非常小（小于 10°），可称之为弱交会条件。前述的区域网平差模型适用于影像之间交会角较大情况下的平差解算，在弱交会条件下，如果直接采用经典区域网平差方法，将会导致连接点的物方大地坐标的高程值求解异常、平差结果不收敛等问题。为解决此问题，本书设计了弱交会条件下的 SRTM 辅助的区域网平差方法。

本书所说的基于 RFM 的区域网平差方法，是基于同名光线必然相交的原理来对连接点的物方大地坐标进行改正的，其原理与立体像对空间前方交会是相同的。由于弱交会条件下影像之间的交会角很小，此时仍然通过前方交会获取连接点的物方大地坐标，并在平差过程中对其进行改正，将不可避免地造成连接点的物方高程误差放大，进而影响整体平差精度。而 SRTM 辅助的无地面控制平面区域网平差是在平差过程中仅计算能够保证精度的连接点物方平面坐标和卫星影像定向参数的一种区域网平差方式，连接点的物方高程值则通过 SRTM 来获取，以此确保连接点物方高程值的精度，进而保障平差解算的稳定性及平差后平面精度。此外，SRTM 辅助的无地面控制平面区域网平差可采用和基于 RFM 的区域网平差类似的方案，利用像方仿射变换模型来补偿影像的系统误差。

第四节　资源三号卫星影像测图效能论证与分析

一、成像误差定量分析

卫星影像（主要指传感器校正影像）的几何定位精度取决于其严密成像几何模型的精度。通过逐项分析资源三号卫星影像严密成像几何模型公式的组成项，可以确定影像中误差的来源与类型。在资源三号卫星影像严密成像几何模型公式中：

$$\begin{bmatrix} X \\ Y \\ Z \end{bmatrix}_{\text{WGS84}} = \begin{bmatrix} X_{\text{GPS}}(t) \\ Y_{\text{GPS}}(t) \\ Z_{\text{GPS}}(t) \end{bmatrix} + m \cdot R_{\text{J2000}}^{\text{WGS84}}(t) \cdot R_{\text{body}}^{\text{J2000}}(t) \cdot \left(\begin{bmatrix} D_x \\ D_y \\ D_z \end{bmatrix} + \begin{bmatrix} -\tan(\psi_y) \\ \tan(\psi_x) \\ -1 \end{bmatrix} \cdot f \right)$$

第一，t 表示每一行影像的成像时间，其误差即为时间误差。姿态模型和轨道模型分别是基于离散姿态和轨道测量数据构建的以时间为自变量的函数模型，而离散姿态和轨道测量数据的时间分别由姿态测量系统和轨道测量系统获取，因此姿态模型和轨道模型中的时间自变量分别是姿态时间和轨道时间。当采用影像行的成像时间 t 去获取各行影像对应的外方位元素时，如果相机系统与定轨系统或定姿系统之间的时间统一性存在误差（时间同步误差），则将会引入额外的姿态和轨道误差，因此，时间误差还包括星上设备时间同步误差。

第二，$\begin{bmatrix} X_{\text{GPS}}(t) \\ Y_{\text{GPS}}(t) \\ Z_{\text{GPS}}(t) \end{bmatrix}$ 表示在成像时刻 t，星上定轨设备中心在 WGS84 坐标系下的坐标，该值由轨道测量设备（GPS）获取，其误差即为轨道测量误差。

第三，$R_{\text{body}}^{\text{J2000}}(t)$ 表示在成像时刻 t，平台的本体坐标系到 J2000 坐标系的旋转矩阵，该值由星上姿态测量设备获取，其误差即为姿态测量误差。

第四，(ψ_x, ψ_y) 为本体坐标系下的 CCD 探元指向角，其误差即为相机内部误差。

第五，$\begin{bmatrix} D_x \\ D_y \\ D_z \end{bmatrix}$ GPS 设备安装在本体坐标系下的位置的偏移。此外，相机内部误差、姿态测量误差和轨道测量误差的系统误差部分中均包含了相机、姿态测量设备和轨道测量设备等星载设备的安装误差，为了本书误差分析的便利，这里将它们与测量的系统误差区分开来单独罗列，即为星上设备安装误差。

m 为尺度因子。$R_{\text{J2000}}^{\text{WGS84}}(t)$ 表示在成像时刻 t，从 J2000 坐标系转换到 WGS84 坐标系的旋转矩阵。在具体转换过程中牵涉岁差、章动、地球周日自转、极移等影响。通过上述分析可知，影响资源三号卫星影像几何定位精度的主要因素包括姿态测量误差、轨道测量误差等方面。

此外，在影像处理过程中，还可能存在由于处理算法等造成的几何精度损失情况（如姿态和轨道建模误差、立体像对同名点匹配误差等均会造成影像定位误差），由于这些误差并非由卫星本身因素造成，因而在本节中将不考虑这些误差对几何精度的影响。

二、影像几何精度测图效能分析

基于卫星影像开展测图应用的最大难点是几何精度，而几何精度也是测绘应用区别于其他行业应用的最显著特征。卫星影像几何精度是否满足特定比例尺基础地理信息产品生产要求是评价卫星影像是否适用于该尺度测图应用的首要条件和决定性因素。

（一）影像精度定量分析

资源三号卫星影像产品的测图应用，既可以在无控制条件下开展，也可以在有控制条件下开展。本节针对这一应用需求，分别开展了无控制条件下和有控制条件下资源三号卫星影像产品的几何精度分析。此外，为了较为全面地了解资源三号卫星几何精度状况，还对未做任何几何处理的卫星原始传输影像的几何精度进行了分析和评估。

资源三号卫星正视全色影像由于近乎垂直对地成像，且地面分辨率最高，在相同条件情况下，其相对平面精度较高；而前后视影像组成的立体像对交会角最大，因而其前方交会的高程精度相对最高。因此这里对影像产品平面精度的分析主要针对正视影像开展，对立体像对高程精度的分析主要针对同轨前后视立体影像开展。

1. 原始影像几何精度分析

原始影像几何定位误差是星上所有误差源综合影响的结果，它反映了卫星成像过程中各类误差的总体影响效应。

当原始正视影像的平面几何定位误差接近 1000 m，前后视立体影像前方交会高程最大误差大于 1000 m 时，它们绝大部分是由星上设备的安装误差引起的，其中包括相机、星敏感器、陀螺仪、GPS 等设备的安装误差。卫星发射过程中冲力影响以及外太空物理环境变化等因素导致这些设备安装参数与实验室标定值存在较大误差，极大地影响了卫星原始影像的几何定位精度。由于星上设备安装误差属于系统误差，通过在轨几何检校或使用控制点均可以有效消除这些误差的影响。

综上所述，原始影像由于受到各类误差源影响，几何定位精度很低，仅在 1 km 左右，需要采用一系列几何处理措施，消除星上各类误差影响。

2. 影像产品无控几何精度分析

由于受成像过程中各类误差的影响，资源三号卫星原始影像的几何精度很差，针对原始影像开展的各级遥感影像产品的生产，需要对部分误差源进行消除或弱化，以达到提升影像几何精度的目的。由于传感器校正影像产品是立体测图应用中最主要的一级影像产品，因此本节将以无控制条件下的传感器校正影像作为精度分析对象，以此来评价资源三号卫星影像产品在无控制条件下的几何精度水平。[①]

由上节的资源三号卫星原始影像精度分析可知，星上设备安装误差是导致原始影像几何精度低下的最主要原因，因此，在开展资源三号卫星影像产品生产之前，需定期进行卫星在轨几何检校，重新标定星上相关技术参数，减弱或消除星上设备安装误差、相机内部误差等对卫星几何定位精度的影响，达到提高卫星影像几何定位精度的目的。资源三号卫星在轨运行期间，平均每 1 ~ 2 个月开展一次在轨几何检校。检校成果以偏置补偿矩阵和 CCD 探元指向角度文件形式应用于卫星影像处理系统，经过大量的分析和实验验证，几何检校后三线阵全色和多光谱相机的内方位元素标定精度达到 0.25 像元（ 1σ ）；星上设备安装角度误差（含姿态测量系统误差）在标定后小于 $0.8''$ （ 1σ ）。

资源三号卫星采用了高精度星敏感器加陀螺联合定姿方案，经在轨实测，星上实时测量并随影像数据传输的姿态测量数据精度约为 $2.0''$ （三轴，1σ ），通过原始影像几何定位精度分析结果可知，其导致资源三号卫星正视影像平面几何定位误差约为 6.93 m，导致前后视立体像对高程最大误差约为 9.07 m。资源三号卫星采用了双频 GPS 接收机作为轨道测量设备，星上实时测量并随影像数据传输的轨道测量数据在沿轨、垂轨、径向三个方向的精度均为 5 m，通过原始影像几何精度分析结果可知，其导致资源三号卫星正视影像平面几何定位误差约为 7.08 m，导致前后视立体像对高程误差约为 5 m。可见，姿态和轨道测量数据的精度对影像几何定位误差影响较大，需要开展姿态和轨道测量数据的事后地面处理，实现精密定姿和定轨。资源三号卫星地面处理系统事后采用卫星传输的双频 GPS 导航原始信号，综合利用几何定轨和动力学定轨的方法，对原始测量数据进行处理和残差修正，实现地面事后处理的轨道数据在切向、法向、径向三个方向的精度均优于 0.1 m。地面处理系统事后采用卫星传输星图、星敏和陀螺原始数据，采用扩展卡尔曼滤波算法，形成了星敏相机偏置矩阵模型和星敏陀螺联合定姿方

[①] 李德仁，王密. "资源三号" 卫星在轨几何定标及精度评估 [J]. 航天返回与遥感，2012，33（3）：1-6.

法,通过采用恒星敏感器、陀螺和 GPS 数据共同解算卫星姿态,实现事后处理的姿态精度优于 $1''$(三轴,1σ)。

在传感器校正影像产品生产过程中,采用了在轨几何检校成果、事后精密定姿和定轨数据,并利用虚拟重成像技术,极大地减弱或消除了原始影像中各类误差,生成了无内部畸变的理想线中心投影传感器校正影像,较大幅度提升了传感器校正影像产品的精度。

随着在轨几何检校的开展,严重影响原始影像几何精度的设备安装误差降低到了一个可以接受的合理水平,相机内部误差也大大降低,这也表明在轨几何检校是提升无控制条件下影像产品几何精度的最主要手段。资源三号卫星采用了高精度时间同步技术为相关设备提供高精度的时统服务,各种时间的精度均较高,对影像几何定位精度的影响较小。此时,影响影像几何定位精度的主要误差来自轨道测量数据和姿态测量数据的误差。

此外,尤其值得注意的是,在无控制条件下,由于无法明确获知成像过程中各类误差所造成的立体影像交会角误差大小,因此无法准确地估算出前后视立体影像的前方交会高程精度,但可获取其最大和最小误差值范围。

3. 影像产品有控几何精度分析

在影响资源三号卫星影像的时间误差、姿态测量误差、轨道测量误差、星上设备安装误差和相机内部误差之中,星上设备安装误差(无论是原始的星上设备安装误差,还是在轨几何检校后的设备安装参数残差)属于系统误差,可以通过地面控制点消除。而姿态和轨道测量误差虽然从较长时段来看表现出随机性,属于动态误差,但是在较短时间段内(如标准景成像时间内)主要表现为系统性误差,因此也可以被控制点吸收。而相机内部误差(主要指内检校残差的非线性部分)、时间误差由于会变现为高阶畸变或时变特征,通常难以利用地面控制点消除,因此主要影响带控制定位精度。

(二)影像几何精度测图适用性评价

1. 测图应用对影像精度指标要求

几何精度是衡量地理信息产品以及测绘生产过程质量的最重要指标。我国测绘地理信息行业拥有一套系统、完善的测绘成果产品标准和对应的生产技术规范,对不同类型基础地理信息产品精度化及生产过程中精度控制等均做出了严格而明确的规定。具体精度可依据《1:5000、1:10000 地形图航空摄影测量内业规范》（GB/T 13990—2012）、《1∶25000、1∶50000、1∶100000 地形图航空摄影测量内业规范》（GB/T 12340—2008）的要求加以确立和调整。

2. 资源三号卫星影像精度测图适用性分析

通过将无控制条件下和有控制条件下的资源三号卫星传感器校正影像产品理论精度，分别与我国不同比例尺测绘应用精度要求加以对比分析，就可以初步评估资源三号卫星影像理论上的无控制和有控制立体测图能力。整体评价结果如下：

第一，在无控制条件下，使用事后处理的精密定姿和精密定轨数据生产的传感器校正影像产品平面精度达到 4.51 m，符合我国 1∶10000 比例尺基础地理信息产品平面精度要求。高程精度最低值达到了 5.97 m，基本可以满足我国 1∶50000 比例尺基础地理信息产品在丘陵、山地和高山地等地形的高程精度要求。

因此，在无控制条件下，资源三号卫星影像产品的理论平面精度能够满足我国 1∶10000 比例尺测绘地理信息产品的平面精度要求，仅从几何精度层面而言，可用于 1∶10000 比例尺平面测图；理论最低高程精度能够满足我国 1∶50000 比例尺测绘地理信息产品在丘陵、山地和高山地地形的高程精度要求，仅从几何精度层面而言，可用于上述地形的 1∶50000 比例尺立体测图。

第二，在有控制条件下，传感器校正影像产品平面精度达到 3 m，符合我国 1∶10000 比例尺基础地理信息产品平面精度要求。高程精度最低值达到 1.01 m，符合我国 1∶25000 比例尺基础地理信息产品生产的高程精度要求，也满足我国 1∶10000 比例尺基础地理信息产品在丘陵、山地和高山地地形的高程精度要求。

因此，在有控制条件下，资源三号卫星影像产品的理论平面精度远远优于我国 1∶10000 比例尺基础地理信息产品平面精度要求，仅从几何精度层面而言，可用于 1∶10000 比例尺平面测图；理论高程精度能够满足我国 1∶10000 比例尺基础地理信息产品在丘陵、山地和高山地地形的高程精度要求，仅从几何精度层面而言，可用于上述地形的 1∶10000 比例尺立体测图。

三、影像分辨率测图效能分析

卫星遥感影像的分辨率主要包括空间分辨率、光谱分辨率和时间分辨率等内容。空间分辨率是指像素所代表的地面范围的大小，是通过影像能够分辨地面物体的最小单元，空间分辨率数值在地面上的实际尺寸称为地面分辨率。光谱分辨率是指传感器在波长方向上的记录宽度，又称波段宽度和波段范围，一般来说，传感器的波段数越多、波段宽度越窄，地面物体的信息越容易区分和识别，针对性也越强。此处的时间分辨率是指为了满足全国范围基础地理信息产品的业务化测图生产，资源三号卫星获取一遍覆盖全国范围的适用于测图使用影像的时间间隔或时间频率，它反映了卫星影像数据的获取能力。

不同比例尺基础地理信息产品的规模化测图生产，对影像的地面分辨率、光谱分辨率和时间分辨率等均有基本的指标要求。因此，影像分辨率也是制约影像测图应用的重要因素。

（一）影像空间分辨率测图效能分析

1.测图应用对影像分辨率的要求

地形图是详细表示地表上居民地、道路、水系、境界、土质、植被等基本地理要素且用等高线表示地面起伏的一种按统一规范生产的普通地图。基本地理要素在测制过程中需要精确绘制要素边界，其对影像地面分辨率的要求主要取决于地图上最小人眼视觉分辨率，人眼视觉分辨率指在明视距离（一般为25 cm）下人类目视能够分辨的空间中两点间的最短距离。在制图领域，一般认为人眼视觉分辨率为 0.1 mm，亦即认为人眼能够分辨的地形图上最小要素的尺寸为 0.1 mm。因此，从理论上讲，影像的地面分辨率应达到或小于地形图上0.1 mm 对应的地面距离。基于这一规则可获得我国不同比例尺地形图测图对影像地面分辨率的要求，如表 4-1 所示。

表 4-1　我国不同比例尺地形图测图对影像地面分辨率的要求

比例尺	影像地面分辨率要求 /m
1：50000	5
1：25000	2.5
1：10000	1

正射纠正影像是对作为数据源的卫星影像进行误差消除和地形改正后，以一定地面分辨率投影到地图投影面的几何纠正影像，其生成过程中的一个重要环节

就是对作为数据源的卫星影像进行重采样。为了确保重采样过程中不会出现上采样或图像插值而导致正射影像质量损失，数字正射影像图的生产对卫星影像地面分辨率的要求是必须等于或小于数字正射影像图自身的地面分辨率。基于这一要求，可获得我国不同比例尺数字正射影像图生成时对卫星影像地面分辨率的要求。

数字高程模型（或数字表面模型）的生产对卫星影像地面分辨率的要求主要取决于高程点匹配算法对立体影像分辨率的要求，当前国内外普遍采纳的一个观点就是：基于一个两线阵立体像对，通过密集匹配能够获取的 DEM（或 DSM）的最佳格网尺寸是立体影像分辨率的 4～5 倍，即 DEM（或 DSM）格网尺寸 Δr_{dem} 与影像地面分辨率 Δr_{img} 的关系可由下式表示：

$$\Delta r_{dem} = 5 \cdot \Delta r_{img}$$

基于这一要求，可获得我国不同比例尺数字高程模型生产对卫星影像地面分辨率的要求，如表 4-2 所示。

表 4-2　我国不同比例尺数字高程模型生产对卫星影像地面分辨率的要求

比例尺	DEM 格网尺寸 /m	影像地面分辨率要求 /m
1 ∶ 50000	25	5
1 ∶ 25000	10	2
1 ∶ 10000	5	1

综合上述不同基础地理信息产品生产对影像地面分辨率的要求，可以获得不同比例尺测图应用对卫星影像地面分辨率的基本要求，如表 4-3 所示。

表 4-3　不同比例尺测图应用对卫星影像地面分辨率的基本要求

比例尺	影像地面分辨率要求 /m
1 ∶ 50000	5
1 ∶ 25000	2.5
1 ∶ 10000	1

2.资源三号卫星影像分辨率测图适用性分析

根据资源三号卫星各相机影像地面分辨率情况，严格对照上节分析获得的不同比例尺测图应用对影像地面分辨率的基本要求，可分析评估得到资源三号卫星影像的地面分辨率对不同比例尺基础地理信息产品生产的适用性：

第一，正视影像地面分辨率为 2.1 m，满足 1 ∶ 25000 比例尺测图应用对影像分辨率的要求，但因其不是立体影像，无法用于立体测图，因此资源三号影像无法满足 1 ∶ 25000 比例尺立体测绘生产对分辨率的要求，但能满足 1 ∶ 25000 比例尺平面测绘生产对分辨率的要求。

第二，前后视立体像对地面分辨率为 3.5 m，可以满足 1 ∶ 50000 比例尺立体测绘生产对分辨率的要求。

此外，多光谱影像获取原理是通过分色棱镜，将入射的一束混合的白光分解成蓝、绿、红和近红外四束光线，再分别用四个 CCD 探测器接收，其结果是每个 CCD 探元获取的能量降低，为保证图像质量，多光谱影像的分辨率也相应下降。在多光谱影像测图使用中，通过全色和多光谱融合后生成融合后影像，可以提升多光谱的空间分辨率至全色影像水平。

（二）影像光谱分辨率测图效能分析

测绘生产的主要任务是对自然地理要素和地表人工设施的形状、大小、空间位置及其属性等进行测定和采集，其成果就是各种不同类型的地理信息产品。地形图是最重要和最主要的基础地理信息产品，其生产过程中需要对地表上居民地、道路、水系、境界、土质、植被等基本地理要素以及地形地貌要素进行采集和绘制。因此在使用卫星影像作为数据源开展地形图测图时，影像上的光谱信息应能适用于各类不同地理要素和地貌的识别与解译。

不同类型的地物拥有不同的光谱特性，不同类型的地物对同一波段的敏感性也不一样，使得在特定波段的影像上不同地物之间的差异相对于全色影像更为明显；同一地物在不同波段范围的辐射响应存在着较大差异，其在特定波段范围的影像上往往拥有比在全色影像上更加显著的光谱特征，因而也更加容易被发现、识别和区分。因此可通过将地表反射光线分割成若干个较窄的光谱段分别获取并成像，就可以综合利用地物在多个不同波段影像上的光谱特性及差异来更有效地判断识别地物。就目前测绘生产技术发展而言，人的主动参与和交互判读在测绘产品生产中仍然占据较为重要的地位，为了人眼能够更加精确地识别和判读各类地物，最有效的方法自然是获取符合人眼视觉认知习惯的彩色影像，通过将分波段影像经过色彩合成形成反映地物真实色彩的真彩色影像，以及其他特殊的合成彩色图像，这对提升地物判读精度非常重要。因此，为了更好地满足测绘生产需要，卫星影像应具备多光谱影像，其波段类型应包括红、绿、蓝等。

多光谱影像成像过程需要将入射相机的全色光线通过分光等手段分给各波段，这样平均到每个波段的辐射能量将大幅减少，如果再为其设置较高的空间分辨率将导致图像质量下降，因此多光谱的空间分辨率一般低于全色影像 2～4 倍。为了弥补多光谱影像分辨率的不足，卫星一般提供高分辨率的全色影像。由于测绘生产对象化涉及所有的地理要素类型，这必然要求卫星全色影像应包括整个可见光波区（一般定义在 0.4～0.7 μm）的地物辐射信息。太阳辐射通过大气层时，如果遇到空气分子、微小的尘粒、云滴和冰晶等粒子，就会发生散射。当辐射波长远远大于粒子大小时，产生的散射现象称为瑞利散射。一定大小的粒子的散射能力和波长的四次方成反比，亦即辐射的波长越短，被散射得越厉害，因此，太阳光中波长较长的绿光、红光、橙光和黄光发生散射的程度较轻，而蓝、紫、靛等波长较短的色光发生散射的程度相对较重。

为防止大气散射对影像质量的影响，全色影像可将波段较短的蓝色光滤去，亦即一般将波长小于 0.5 μm 的部分滤去。因此全色影像的波谱范围一般应在 0.5～0.7 μm，例如 SPOT-5 全色影像的波区在 0.51～0.73 μm。

综上所述，卫星影像为了有效满足地形图测制需求，在目前的测绘生产技术条件下，需要提供全色谱段的影像用于地理要素目标定位和地形、地貌的测绘；需要提供多光谱影像用于地理要素的属性确定，而多光谱影像应包含用于构建真彩色所需的相应波段。同时，通过多光谱影像与全色影像的融合处理，可以生成拥有高空间分辨率和高光谱分辨率的融合影像。

资源三号卫星配备了三线阵全色相机和包含红、绿、蓝、近红外的多光谱相机，其在影像类型、全色影像波谱范围、多光谱波段数目、各波段波谱范围等方面均能满足 1∶10000 至 1∶50000 比例尺地形图的测制需求。

（三）影像时间分辨率测图效能分析

第一，资源三号卫星影像的时间分辨率主要由四个组成因素共同决定：第一个因素是卫星轨道覆盖能力；第二个因素是卫星地面接收站覆盖能力；第三个因素是卫星重返周期；第四个因素是卫星摄影获取影像中有效影像的比率，即获取的有效影像占总影像的比率，有效影像此处是指影像上的云斑、非常年积雪覆盖量低于规定指标的影像。

第二，资源三号卫星摄影获取影像数据的能力是衡量卫星业务化测绘应用能力的重要指标，如果卫星影像获取能力不足，即便影像质量再好，也无法有效开展规模化的卫星测绘应用，影响卫星测图效能。

第三，基础测绘地理信息产品（尤其是中大比例尺的基础测绘地理信息产品）是国家重要的战略数据资源。随着国民经济和社会的飞速发展，国家基本建设发生了巨大的变化，特别是国家基础性项目，如交通、水电、城市旧区改造等变化翻天覆地，同时我国的行政界限划分、行政名称和自然地理名称也做过较大的调整，而这些内容都是基础测绘地理信息产品的主要描述对象，而传统的基础地理信息产品生产由于成本较高、工期较差，其生产和更新周期较为缓慢。对资源三号卫星来说，其要充分满足我国 1 ： 50000 比例尺基础测绘应用需求，最低目标是实现年度获取的可用于测图的影像至少覆盖我国全境一次。资源三号卫星采用了近极地太阳同步卫星轨道，轨道平面与太阳始终保持相对固定的取向，轨道倾角（轨道平面与赤道平面的夹角）为 97.4°，降交点地方时为上午 10 点 30分，这些轨道设计决定了资源三号卫星具有能够对地球南北纬 84° 以内的地区实现无缝摄影的能力，且在经过同纬度地时拥有相近的光照条件（均为地方时上午 10 点 30 分），轨道回归周期为 59 天，而 ±32° 的侧摆能力可使资源三号卫星在 5 天内重访地球上同一地点。因此从资源三号卫星的轨道设计而言，其具备了在较好光照条件下摄影获取我国全境范围影像的能力，满足了实现较高影像时间分辨率第一个组成因素的要求。

由于星上的影像存储设备容量较小，卫星摄影获取影像数据的同时需要将其同步传输给地面接收站。目前资源三号卫星在境内共有 3 个地面接收站，分别是北京密云遥感卫星地面接收站、新疆喀什遥感卫星地面接收站和海南三亚遥感卫星地面接收站。其中密云站是我国民用陆地观测卫星数据接收的主站，其数据接收范围能够覆盖我国陆地国土的约 80%，喀什站的数据接收范围能够填补密云站在我国西部区域数据接收的空白，三亚站的数据接收范围能够覆盖我国整个南部海疆。三站组网运行，形成了覆盖全国疆土范围的资源三号卫星影像接收能力，满足了实现较高影像时间分辨率第二个组成因素的要求。

我国地理范围广阔，自然条件和气候条件复杂，且不同区域差异巨大，如我国南部部分地区常年或季节性多云雾和雨水，北部地区季节性多雪、近来更是饱受雾霾等恶劣天气影响，经过 4 年来统计分析，我国大部分地区由资源三号卫星获取的影像为无效影像，其主要原因是云雪覆盖面积过大（大于 20%），而一次成像过程中有效影像比率平均仅为 20%。因此如果要在一年内实现资源三号卫星有效影像对某一区域的覆盖，从概率上而言，至少需要卫星对该地区重访 5 次，才能确保有效影像的获取，因此这就要求资源三号卫星的轨道重返周期至少小于 73 天，而资源三号卫星实际轨道重返周期为 59 天，满足了确保获取同一地区有效影像的轨道重返要求，也满足了实现较高影像时间分辨率第三个组成因素和第四个组成因素的要求。

综合来看，资源三号卫星无论是从轨道覆盖范围、地面接收站接收覆盖范围，还是从轨道重返周期，均能够满足全国范围 1 ：50000 比例尺测绘生产对影像数据获取能力的需求，亦即资源三号卫星的数据获取能力能够满足我国 1 ：50000 比例尺测图需求。

此外，随着卫星获取影像空间、光谱、时间分辨率的不断提高，影像数据量成倍增长，为了更加有效地进行影像数据传输和存储，资源三号卫星在获取三线阵全色影像时需要先对影像进行压缩后，再传输到地面接收站，而压缩模式包括 4 倍压缩和 2 倍压缩两种可调节模式。影像压缩就意味着必然的影像质量损失，从测绘应用角度而言，对影像数据压缩导致的质量损失主要有 3 个方面的要求：一是压缩后对测绘应用的视觉效果影响；二是压缩对特征点定位的影响；三是压缩对影像同名点匹配的影响。

根据国内外学者的有关试验表明，针对影像采用 1 ：4 的压缩比进行常规方法（JPEG）压缩时，由于人眼的生理局限性，压缩后影像的视觉效果和压缩前相比几乎没有影响，亦即影像有损失压缩对于影像人工处理的影响较小，几乎可以忽略。对于压缩导致的特征点定位精度损失，在采用高精度转点匹配算法时，特征点的定位误差在 1/25 像元左右；对于压缩导致的同名点影像匹配影响，在采用高精度匹配算法时其对同名点匹配的影响仅在 1/10 像元左右。因此，在当前采用高精度匹配算法的自动化处理过程中，影像压缩所造成的定位误差影响在 1/10 像元左右，远远小于摄影测量中的匹点误差，达到了可以忽略的程度。

四、立体模式测图效能分析

（一）测图应用对立体模式要求

测绘生产的核心内容是对地表三维空间内的自然地理要素或者地表人工设施的形状、大小、空间位置及其属性等进行测定和采集。通常地形图的生产过程需要在立体影像模型上进行自然和人工地理要素的准确判读和三维坐标精确量测。测绘生产最终生成的各类地理信息产品中,数字高程模型、数字表面模型、地形图等高线等都是直接描述地表高程特征的产品类型,而地形图中其他地理要素的空间位置、形状等也大都是采用大地三维坐标进行描述。因此无论是从测绘生产过程,还是从测绘成果产品的内容和形式来看,利用卫星影像构建立体并开展立体环境下的测图应用都是对测绘卫星的基本要求。

(二)资源三号卫星立体影像测图适用性

资源三号卫星搭载三台全色线阵推扫式光学相机构成三线阵立体相机。在不侧摆的情况下,其中一台地面分辨率为 2.1 m 的相机以近乎垂直对地的角度摄影成像,称为正视相机。一台地面分辨率为 3.5 m 的相机在沿轨道飞行方向以向前倾斜 22° 对地的角度摄影成像,称为前视相机。另外一台地面分辨率为 3.5 m 的相机在沿轨道飞行方向以向后倾斜 22° 对地的角度摄影成像,称为后视相机。三台相机的幅宽均大于 51 km。

资源三号卫星通过一次飞行即可以同步获取同一轨道范围内的三个不同视角影像。其中前后视影像可以构建前后视立体像对,前正视影像或后正视影像也可以构建立体像对。前后视立体像对的交会角约为 44°,对应的基高比约为 0.89,达到了立体测图的理想基高比,可实现较好的立体观测效果和立体量测精度。

前正视立体影像和后正视立体影像的交会角约为 22°,对应的基高比约为 0.45,因此其立体观测和高程量测精度从理论上讲均低于前后视立体,但是在实际的立体测图应用中,在一些地形起伏较大的复杂和破碎区域,前后视立体影像上会出现因地形遮挡导致的信息盲区(如深切割区域),此时,前正视立体影像和后正视立体影像能够有效弥补前后视立体像对的信息盲区,提升测图效能。

此外,前正后三视影像还可以构建三线阵立体影像,虽然未能增大基高比进而直接提升高程精度,但由于形成了冗余观测,可以提升立体像对的平面精度。若利用三视影像分别构建三组立体像对开展冗余匹配,还可以提升高程点云的匹配密度,生产更高分辨率的数字高程模型产品。同时,随着立体观测和立体匹配算法(如三目立体量测技术、多视匹配技术等)的飞速发展和广泛应用,三线阵立体相比较于两线阵立体,其立体测图能力将会有进一步提升。

资源三号卫星三线阵影像幅宽一致，均在 51 km 左右，且相互之间在垂直轨道方向基本重合，一般大于 45 km，充分保障了立体像对重叠率，大大提升了立体影像数据的有效利用率。

综上所述，资源三号卫星在能够提供的立体类型、基高比、像对重叠率等指标和能力方面均能充分满足立体测绘需求。

五、影像整体技术指标测图效能分析

归纳总结前述资源三号卫星影像几何精度、空间分辨率、光谱分辨率、时间分辨率、立体模式能力等不同分项技术指标的测图适用性，如表 4-4 所示。

表 4-4　资源三号卫星影像各分项技术指标测图适用性汇总

分项技术指标		适用测图的最大比例尺
无控几何精度	平面	1：10000
	高程	满足 1：50000（满足丘陵、山地和高山地地形）
有控几何精度	平面	1：10000
	高程	1：10000（满足丘陵、山地和高山地地形）
空间分辨率	平面	1：25000
	立体	1：50000
光谱分辨率		所有比例尺
时间分辨率		所有比例尺
立体构建能力		所有比例尺

评价资源三号卫星影像是否适用于某一比例尺基础地理信息产品测图生产，需要各分项技术指标，即几何精度、空间分辨率、光谱分辨率、时间分辨率、立体模式能力等同时满足该比例尺测图生产要求。

因此，通过简单分析即可得出资源三号卫星影像的理论测图效能大致结果：

第一，在无控制条件下，资源三号卫星影像能够用于全国范围的 1：25000 比例尺基础地理信息产品平面测图生产；能够用于全国范围的 1：50000 比例尺丘陵、山地和高山地地形的基础地理信息产品立体测图生产。

　　第二，在有控制条件下，资源三号卫星影像能用于全国范围的 1 ： 25000 比例尺基础地理信息产品平面测图生产；能够用于全国范围 1 ： 50000 比例尺基础地理信息产品立体测图生产。

　　虽然资源三号卫星影像的部分技术指标，如几何精度、光谱分辨率、时间分辨率、立体模式能力等都能够满足 1 ： 10000 比例尺基础地理信息产品的立体测图生产要求，但受限于平面影像和立体影像的空间分辨率，导致影像整体上只能适用于 1 ： 50000 比例尺基础地理信息产品的立体测图生产，以及 1 ： 25000 比例尺基础地理信息产品的平面测图生产。但这也与资源三号卫星发射的最初目标相吻合，可以说，资源三号卫星成功实现了工程立项目标，可以为我国 1 ： 50000 比例尺基础地理信息产品生产，以及 1 ： 25000 比例尺基础地埋信息产品更新提供有效的影像源保障。

第五章　条纹阵列探测激光雷达测距精度与三维测绘技术

第一节　条纹阵列探测激光雷达的信号及噪声特点

一、条纹阵列探测激光雷达的工作原理

条纹阵列探测激光雷达基于脉冲飞行时间法来实现对目标的距离测量，它通过分析探测器读出的回波条纹图像来确定每一个时间分辨通道内激光脉冲在目标和探测器之间的往返飞行时间，再结合上对目标区域的一维扫描，最终得到目标表面的距离信息。典型的条纹阵列探测激光雷达系统的整体结构，主要包括时间同步系统、激光发射系统、信号探测系统、测量控制系统和扫描系统五个子系统，每个子系统都由数个单元模块组成。条纹阵列探测激光雷达系统的具体工作过程如下：

第一，计算机通过预判目标的距离给延时信号发生器配置合适的延时参数，进而精确控制激光脉冲发射时间和条纹阵列探测器的距离门开启时刻。

第二，高能量激光脉冲经光束整形单元扩束准直后射向待测目标。通常我们希望在目标上获得线型激光脚点，这就要求光束整形系统在一个方向上使光束发散，从而能够充分覆盖被测目标的宽度且与探测器视场角相匹配；在另一个方向上使光束准直，从而能够在目标上获得能量集中的线型激光脚点。

第三，激光束经扫描系统沿垂直于光束发散方向对被测目标进行扫描，扫描电机的转动速度由伺服驱动器闭环控制，扫描角度则通过光栅编码器被计算机读取并存储。

第四，目标的回波信号被探测系统的光学镜头接收并成像于条纹阵列探测器的光阴极上，光信号经条纹阵列探测器处理后转变为带有距离信息的条纹图像，

最后图像由 CCD 读出并存储于计算机中。通过图像采集卡计算机可以实时监测回波信号的状态，根据信号的强度和位置等信息，可以按需求调整探测器的增益和延时器的延时等参数。

条纹阵列探测器是系统的核心元件，它具有时间分辨能力。为了在目标上形成线型激光脚点，需要将脉冲激光束在平行于激光脚点长轴方向上进行扩束，在垂直激光脚点长轴方向上进行准直。实际上，对于一个具有一定空间尺度的目标，我们应尽量保证线型激光脚点覆盖整个目标，从而获得目标的完整扫描成像结果，同时还应保证距离门的宽度大于被测目标的景深，且使被测目标尽量处于距离门的中心位置。目标回波信号被光学成像系统成像于光阴极上，光阴极将光子转换为电子，电子在光阴极与磷屏间高压电场的作用下轰击磷屏产生光信号。

通过一对偏转板在垂直于加速电场的方向上施加一个随时间线性变化的偏转电压，偏转电压使不同时刻穿过条纹阵列探测器的电子在偏转电场方向上产生偏移，最终轰击到磷屏的不同空间位置上。当偏转电压为 0 时，探测器工作于静态模式下，此时探测器相当于一个电子成像系统，直接获得目标的实物像。

当偏转电压随时间线性变化时，探测器才具有时间分辨能力。因此，磷屏在偏转电场方向上的不同空间位置对应着不同的回波信号入射时刻，磷屏上的信号是时域信号的空间展开，结合条纹阵列探测器的距离门设置便可确定激光的往返飞行时间，进而获得目标的距离。由于条纹阵列探测器在偏转电场的方向上具有时间分辨能力，因此我们称该方向为条纹阵列探测器的时间轴，与时间轴垂直的方向称为条纹阵列探测器的空间轴或方位角轴。根据条纹阵列探测器的成像机制可知，其空间轴应当平行于激光束的扩束方向。

磷屏上信号经微通道板像增强器二次倍增放大后，由光纤维耦合的高分辨率 CCD 相机读出。CCD 的每一列对应一个时间分辨通道，它记录了某一空间方位角上的时域信号；每一行则对应一个时隙，相同时隙代表着相同的激光飞行时间，相邻时隙之间的时间差称为时隙宽度 t_{bin}。基于条纹阵列探测器的时间分辨特性，在空间上平直的入射光信号，在磷屏上将形成弯曲的条纹像，具体的弯曲形状取决于目标被激光脚点覆盖区域的距离轮廓。最后通过一维扫描和距离提取过程便可获得目标的三维距离图像。

二、探测器的调制传递函数和线扩展函数

激光雷达系统是一种信息传递系统，它传递的是空间性信息，如光振幅、光

强度的空间分布。激光雷达的探测器在一定条件下具有线性和不变性，可用傅里叶分析的方法来表示它的探测特性。条纹阵列探测器作为一种电子成像系统，它对入射光信号的响应特性可以利用光学传递函数加以描述。

光学传递函数（Optical Transfer Function，OTF）是诸如相机、人眼、透镜等成像系统的传递函数。通过光学传递函数我们可以精确地描述系统的物像关系，评价系统的成像质量。一般光学传递函数可通过对光学系统的点扩散函数（Point Spread Function，PSF）做傅里叶变换得到：OTF $(u, v) = F\ \{PSF(x, y)\}$，其中 u，v 分别为 x 和 y 轴方向的空间频率。OTF (u, v) 为空间频率的复值函数，其模和幅角分别称为调制传递函数和相位传递函数，它们分别描述了成像过程中调制度和相移的相对变化。在激光三维测距信号采集过程中我们通常更加关注调制度的变化，因此本书中将着重分析调制传递函数，其表达式如下：

MTF $(u, v) = $ OTF(U, V) 调制传递函数描述了成像系统对正弦图样的幅值响应，其物理意义为像方调制度与物方调制度的比值，即

$$MTF(U, V) = M_{image}\ (u, v) / M_{object}\ (u, v)$$

其中，$M_{image}(u, v)$ 和 $M_{object}(u, v)$ 分别为像方调制度和物方调制度。

对于线性非移变系统，其调制度 $M = (A_{max} - A_{min})/(A_{max} + A_{min})$，其中 A_{max} 和 A_{min} 分别为正弦图样的最大值和最小值。通常情况下调制度将随正弦曲线频率的增加而减少，当频率增加时，像方调制度明显降低，从而导致调制传递函数在高频区域趋近于零。

对于探测器系统而言，可以分别对时间轴上的调制传递函数 MTF（u）和空间轴上的调制传递函数 MTF（v）进行单独分析。空间轴上的 MTF（v）直接决定了雷达系统对不同方位角上目标的分辨能力，即水平分辨能力；时间轴上的 MTF（v）则对雷达系统的距离分辨能力具有重要影响。调制传递函数可以通过对线扩展函数做傅里叶变换得到：

$$MTF(u) = F\ \{LSF(x)\}$$

线扩展函数是成像系统对理想线光源的一维响应函数，它可以通过对理想的线光源进行成像得到。理想的线光源要求在 x 轴上为冲激函数 $\delta(x)$，在 y 轴上为一常量。利用狭缝光源可以近似形成理想的线光源，通过对狭缝光源成像可以直接得到系统的线扩展函数，这种方法比较直观、简洁。

三、系统噪声的理论模型

条纹阵列探测激光雷达中的信号探测单元主要包括成像镜头、条纹阵列探测器、微通道板像增强器和 CCD 相机。其中成像镜头和条纹阵列探测器负责对目标的回波信号进行收集和成像，微通道板像增强器和 CCD 相机则主要负责放大和采集成像结果。在整个探测、成像、采集和传输的过程中会产生多种对条纹图像具有影响的噪声，如读出噪声、光子散粒噪声、暗噪声、光响应非均匀性噪声等。根据这些噪声与信号之间的关系可以将噪声分为两大类：加性噪声和乘性噪声。加性噪声与信号是相加的关系，不论有无信号，加性噪声均存在；而乘性噪声则与信号的强度紧密相关，它们与信号之间是相乘的关系，没有信号的情况下就不会产生乘性噪声。

（一）乘性噪声

条纹阵列探测激光雷达的乘性噪声主要包括光子散粒噪声和光响应不均匀性噪声。光子散粒噪声主要来自入射到光阴极上光量子的涨落；光响应非均匀性噪声来自微通道板像增强器各通道间的差异性和 CCD 各采样单元间的差异性。

1. 光子散粒噪声

回波光信号入射光阴极激发电子的过程可看作独立、均匀、连续发生的泊松随机过程，这样的过程中由于存在光量子的涨落从而产生了光子散粒噪声。

泊松过程产生的信号光强服从泊松分布：

$$P(I=k) = \frac{\lambda^k}{k!}\exp(-\lambda)$$

据泊松分布的性质可以知道变量的方差与期望相等，即 $D(I)=E(I)$，因此散粒噪声是一个与信号光强紧密相关的噪声，其方差等于光强的均值：

$$S_{\text{shot}}^2 = \langle I \rangle$$

散粒噪声是叠加在光场直流分量上的交流扰动，它是由光场的量子特性所决定的，因此无法通过对探测器的改进来抑制，只要有光信号必然伴随着光子散粒噪声。

2. 光响应非均匀性噪声

光响应非均匀性（Photo Response Non-Uniformity，PRNU）是指在阵列探测

系统中每个探测单元对相同入射光强的不同增益程度，可以通过均匀分布的半饱和光强照射成像结果得到：

$$k_{\mathrm{PRNU}} = \frac{\left[\sum_{i=1}^{N} (I_i - \langle I \rangle^2)/N \right]}{\langle I \rangle} \times 100\%$$

式中：N 为探测器探测单元个数；I_i 为第 i 个探测单元读出的信号灰度值；$\langle I \rangle$ 为所有探测单元输出信号灰度值的均值。

光响应非均匀性噪声（PRNU noise）即探测器的光响应非均匀性引起的噪声，它与光强有关，是一种乘性噪声，其方差可以表示为

$$S_{\mathrm{PRNU}}^2 = k_{\mathrm{PRNU}} \langle I \rangle$$

PRNU 噪声主要来自探测系统中的微通道板（Micro-Channel Plate，MCP）像增强器和 CCD 相机。

现代 CCD 拥有高达百万量级分辨率，理想情况下当积分时间一定时，同等的光强输入应当获得同等的电压输出。但受限于 CCD 的加工工艺和硅材料本身的质量，各个像元无法获得完全相等的量子效率和响应度，导致各个像元对均匀的光辐射会得到不同的输出值，即 CCD 的光响应非均匀性。

MCP 中同样拥有大量的电子倍增微通道，每个光电子入射电子倍增微通道后产生二次电子倍增效应，在高压作用下与通道内壁发生多次碰撞，从而在输出端产生大量电子。入射非开口区域内的光电子则无法进入微通道，不能形成相应的输出信号。另外，MCP 各个微通道的输入端的开口面积无法完全一致，导致入射的光电子能够进入微通道的概率不同，且入射光电子的入射角度不同还会导致二次电子倍增后的出射动量和倍增效率均不相同，因此输出必然伴随着随机涨落[①]。PRNU 噪声可以通过平场校正方法在一定程度上得到有效的控制，但是也无法彻底消除。

（二）加性噪声

条纹阵列探测激光雷达的加性噪声主要包括读出噪声、暗电流噪声和背景噪声。读出噪声和暗电流噪声主要来源于 CCD 电荷产生、转移及放大过程中，与 CCD 的制作工艺有关，背景噪声则主要来源于以太阳光为主的背景辐射。

---

① 但唐仁，田景全，高延军，等. 低强度 X 射线影像系统的噪声分析及图像去噪处理［J］. 发光学报，2002，23（6）：615-618.

1. 读出噪声

读出噪声是 CCD 最主要的噪声来源，是一种与曝光时间无关且在每个采样单元间相互独立的时域噪声，它主要产生于电荷包的转移和输出极复位过程中，在高帧频工作状态下尤为明显。

在电荷包的转移过程中，由于转移损失、体态俘获和界面态俘获等因素影响了电荷转移效率，导致电荷包中的电荷不能完全转移，势阱中残存的部分电荷就成为后续电荷包的噪声来源。当一个像元中的电荷包被读出后，为了继续测量下一个电荷包，需要对输出二极管上的电压做复位处理，在复位过程中由于电容的充放电作用会进一步引入相应的噪声[①]。

2. 暗电流噪声

暗电流噪声源于构成 CCD 关键结构材料的内部电荷数量的统计波动，由耗尽层热激发产生，这是一种随机过程，它会限制器件的动态范围和灵敏度。所有 CCD 都会受到暗电流的影响，即使没有光源，价带中也能够施放电子并传递给放大电路，这种波动完全由于发热导致，与温度紧密相关，随温度的增加而增加。另外，在电荷包转移过程中电荷在势阱中存储的时间越长，就会产生相应较大的暗电流噪声。通常在探测微弱信号时，需要延长 CCD 的积分时间，此时暗电流将会显著增加。例如在天文观测应用中，CCD 器件经常工作在长积分时间、低照度的状态下，这时暗电流噪声将会十分明显，对成像结果影响很大。

3. 背景噪声

光学探测系统不同于微波接收系统，它由接收望远镜收集光能量，在接收被测目标激光回波信号的同时不可避免地接收到视场内的背景杂散光，它们包括从太阳、大气、地球等我们不希望探测到的辐射源直接照射或反射到探测器上的光信号。这些背景光信号会使测距结果产生偏差，因此我们称这些背景光信号为背景噪声。

背景光信号在入射探测器光阴极上时可以看作直流信号，其入射光强的平均功率为[②]

$$P_{bk} = \frac{\pi}{16} \eta_R \theta_R^2 A_R^2 \Delta\lambda (\eta_A \rho_t H_\lambda + \pi N_\lambda)$$

① 魏伟，刘恩海，郑中印. CCD 相机视频处理电路设计 [J]. 光电工程，2012，39（6）：144-150.
② 郭赛，丁全心，羊毅. 雪崩光电探测器的噪声抑制技术研究 [J]. 电光与控制，2012，19（3）：69-73.

式中：η_R 为接收光学系统透过率（入射光强与透射光强之比）；θ_R 为探测器的接收视场角（rad）；A_R 为接收光学系统的物镜直径（m）；ρ_t 为目标反射率（入射光强与反射光强之比）；$\Delta\lambda$ 为接收光学系统的光谱带宽（nm）；η_A 为大气单程透过率（入射光强与透射光强之比）；H_λ 为太阳光对目标的垂直光谱辐照度（W/m^2）；N_λ 为大气散射的太阳光谱辐照度（W/m^2）。

背景光信号经探测器放大后被 CCD 采集，则 CCD 每个像元上读出的背景光强度平均值为

$$\mu_{bk} = \frac{2^{B_{CCD}} P_{bk} T_{CCD} G_{MCP} A_{STR} Q_{CCD}}{h\nu n_{well} MN}$$

背景光信号在被放大和采集的过程中同样会受到 MCP 和 CCD 光响应非均匀性的作用，最终得到的原始条纹图像中每个采样点内的背景光信号灰度值均不相同，因此背景噪声的方差可以表示为

$$S_{bk}^2 = \mu_{bk} k_{PRNU}$$

背景噪声强度 N_{bk} 的概率密度函数为

$$P(N_{bk}) = \frac{1}{\sqrt{2\pi}S_{bk}} \exp\left[-\frac{(N_{bk} - \mu_{bk})^2}{2S_{bk}^2}\right]$$

通常我们可以利用空间滤波和光谱滤波两种方式有效降低背景噪声。空间滤波可以通过在光阴极前加入狭缝的方法实现，由于激光被发射系统整形为近线状光斑，激光束在时间轴方向上具有极小的发散角，因此回波信号经光学镜头成像后将全部集中于光阴极中心很窄的一个区域内。这就是说，光阴极上只有中心很窄的一个区域获得的信号是我们所希望得到的，其他区域获得的信号均为背景辐射，因此，在光阴极前加入一个很窄的狭缝，可以有效地去除大量背景噪声。

四、系统的工作模式及重要参数

（一）系统的工作模式

在利用条纹阵列探测激光雷达进行三维测绘时，不同的测绘距离和目标表面特性均会对回波信号的强度产生影响，信号过弱会降低条纹图像的信噪比，信号过强则会产生饱和效应，均不利于目标距离信息的提取。因此，在信号探测过

程中，为了取得最佳效果的回波条纹图像，我们根据不同的目标距离和信号强度特征建立了两种不同的工作模式：近饱和成像工作模式和恒定发射功率工作模式。

1. 近饱和成像工作模式

当目标距离较近时回波信号强度则相对较大，此时激光出射能量太高会引起采样信号的饱和，还可能对探测器的光阴极造成损伤。因此，若发现回波条纹图像中存在饱和信号，则应适当降低激光的出射能量，通过加入衰减器或降低泵浦源电流的方式对激光出射能量进行控制。同时，为了保证较高的信噪比，对激光能量的衰减程度也不应过大，要根据 CCD 读出的条纹图像来实时控制激光的出射强度，使回波条纹信号能够恰好处于近饱和状态。在这种工作模式下，探测器读出的回波信号的峰值强度保持不变，回波信号的总能量将随条纹宽度的改变而改变。

近饱和成像工作模式是一种闭环控制模式，它的优点是可以获得近饱和的高信噪比条纹图像，使信号处理过程更加简单、距离提取结果更加准确，同时还能在一定程度上降低大气背向散射对探测系统的干扰。这种工作模式对测量控制系统具有较高的要求，需要根据回波条纹图像实时地检测信号的峰值强度，并根据峰值强度的大小对激光出射能量和探测器增益进行闭环调控。

2. 恒定发射功率工作模式

恒定发射功率工作模式是指在整个测绘过程中保持激光的出射能量恒定不变，在对激光发射系统和信号探测系统的参数进行设定后就不再进行实时调整。这种工作模式的优点是操作简单，不用根据回波条纹图像实时监测信号的峰值强度，也不用调整对激光出射能量的衰减程度，大幅提高了系统的稳定性，降低了开发控制程序算法的难度，特别适用于复杂的工程任务。

恒定发射功率工作模式是一种开环控制模式，在对远距离目标的测绘过程中通常会采用这种工作模式。当目标距离较远时回波信号将大幅衰减，此时 CCD 读出的条纹图像中信号的峰值强度将远小于饱和值。在这种情况下可将激光出射能量和探测器的增益均调节至最大并保持不变，从而尽量提高回波条纹图像的信噪比。激光将以固定不变的出射能量发射脉冲，若目标距离和反射率保持不变，则回波信号总能量也将保持不变。

（二）距离门

一般情况下条纹阵列探测激光雷达为了减弱大气的后向散射会在探测器上施加一个距离门信号，使探测器仅工作于感兴趣的距离门范围内。系统的距离门由扫描电压控制，它能够决定被测目标的最大景深。

距离门主要用起始距离 Gate1、结束距离 Gate2 和距离门宽度 Gate 三个参数来描述，三者之间的关系为 Gate=Gate2-Gate1。其中起始距离与时间同步系统设定的延时值有关。

（三）扫描电压

扫描电压也可称作斜坡电压，是条纹阵列探测器中加在两个偏转板上的随时间线性变化的电压。我们通常用扫描斜率 k_{scan} 来描述扫描电压，它表示单位时间内扫描电压的变化值。扫描电压的斜率直接决定着条纹阵列探测激光雷达的距离门宽度：

$$Gate = \frac{cd_{phos}}{2L_{tube}\theta_{dev}k_{scan}}$$

式中：d_{phos} 为磷屏直径（mm）；L_{tube} 为条纹阵列探测器长度（mm）；θ_{dev} 为单位电压下电子的偏转角度（rad/V）。

可见，扫描斜率越大则距离门宽度越窄，减小扫描斜率则能够加大距离门宽度。

通常扫描电压由一个独立的扫描模块提供，扫描模块会根据工作需要预设几种特定的扫描斜率，实验中可以根据所需的距离门宽度来选择合适的扫描斜率。

（四）时隙宽度

条纹阵列探测激光雷达的时隙宽度是指在一个时间分辨通道中，相邻采样点间的时间差。当利用 CCD 对磷屏信号进行采样时，时隙宽度将由 CCD 像元尺寸 d_{CCD} 和扫描斜率共同决定：

$$t_{bin} = \frac{d_{CCD}}{L_{tube}\theta_{dev}k_{scan}}$$

式中：条纹阵列探测器长度 L_{tube} 和单位电压下电子偏转角度 θ_{dev} 为条纹阵列探测器的固有参数，一般不发生改变，d_{CCD} 和 k_{scan} 则与选择的 CCD 和扫描模块有关。通常商用 CCD 的像元尺寸在 5 ～ 20 μm，而扫描模块的扫描电压斜率目前最快为 2.6 V/ns。当条纹阵列探测器参数取 $L_{tube}\theta_{dev}$=55 μm/V 时，系统的最小时隙宽度可达 0.035 ns。

第二节　测距精度的理论模型和实验分析

一、测距精度的理论模型

（一）测距精度的定量描述及误差源分类

1. 条纹阵列探测激光雷达的测距精度

激光雷达系统的三维测绘应用中，测距精度指目标真实距离值与测量值之间的接近程度，它由测量的准确度和测量的精密度共同决定。

条纹阵列探测激光雷达通常具有 1000 ～ 2000 个采样通道，每个激光脉冲可获得大量的回波信号。因此其测量的准确度 Γ 可定义为所有采样通道对相同距离目标测量结果的平均值 $\bar{R}$ 与目标真实距离值 R 之间的偏差；其测量的精密度 Δ 则是指各个采样通道对同一距离目标测量结果的一致程度。

在实际测绘应用中，条纹阵列探测激光雷达可通过严格的延时定标使其测量平均值 $\bar{R}$ 逼近目标的真实距离值 R，这使得系统可以具有很好的测量准确度 Γ。但是雷达系统测量的精密度 Δ 则不能通过简单的延时定标来得到提升，它主要取决于系统的参量设计和成像算法。因此，在条纹阵列探测激光雷达系统中其测距精度主要由测量精密度 Δ 决定。

2. 条纹阵列探测激光雷达的三类主要误差

条纹阵列探测激光雷达系统中包含三类主要的测距误差：加性噪声引起的误差、乘性噪声引起的误差和采样误差，系统的总测距误差是三类主要误差共同作用的结果。由噪声引起的误差主要由信号强度受噪声的干扰而无法重现原始波形所致，而采样误差则主要由 CCD 具有一定的像元尺寸，每一个采样通道内的回波信号会产生灰度均化效应所致。因为系统的加性噪声是与信号强度无关的噪声，而系统的乘性噪声则与信号强度具有正比关系，因此两种噪声所引起的测距误差应相互独立。采样误差又称算法误差，它主要取决于采样频率和信号鉴别算法，是一种与噪声强度无关的误差。因此，系统的三类主要误差之间均相互独立，条纹阵列探测激光雷达的总测距均方根误差可以表述为

$$\varDelta_{\mathrm{range}} = \sqrt{\varDelta_{\mathrm{add}}^2 + \varDelta_{\mathrm{mul}}^2 + \varDelta_{\mathrm{sample}}^2}$$

式中：$\varDelta_{\mathrm{add}}$ 为加性噪声引起的测距误差（m）；$\varDelta_{\mathrm{mul}}$ 为乘性噪声引起的测距误差（m）；$\varDelta_{\mathrm{sample}}$ 为采样误差（m）。

（二）测距误差的传递公式——信号鉴别法

信号鉴别法是指在距离提取过程中，如何利用获得的回波信号确定被测目标的距离信息，它对激光雷达的测距特性有着重要的影响。条纹阵列探测激光雷达中常用的信号鉴别方法包括最大值提取法[①]、阈值检测法、质心权重法和峰值检测法，它们各自具有不同的适用范围。最大值提取法是一种最为简单和快速的信号鉴别方法，可以直接将信号中最强采样点所对应的距离坐标值提取出来，判定为目标的距离。这种方法虽然计算速度快，但是由于受到采样率的限制，其精度往往不高，一般仅应用于高帧频实时处理测绘任务中。

阈值检测法通过监测信号的上升沿来判定目标的距离，当脉冲回波信号超过预设的阈值电平时停止计时并判断目标的距离。该方法常应用于具有特殊分布函数的信号处理中，如具有陡峭的上升沿和相对缓慢的下降沿的重尾型信号。

峰值检测法需要分析信号分布的峰值位置，进而确定目标的距离信息。通常需要根据信号的分布特征获得信号的最小二乘拟合结果，将拟合结果的峰值位置确定为目标的距离。这种方法适用于具有单个峰值的信号，计算结果精度较高，但它最大的缺陷在于计算速度慢，且对于峰值位置较模糊或者存在多个峰值的信号适用性较差。

质心权重法（Centroid of Gravity，CoG）是一种通过计算信号分布的质心位置来确定目标距离的方法，其计算公式为

$$R_{\mathrm{cal}} = \sum_{t=1}^{N} \frac{r_i l_i}{-\sum_{t=1}^{N} I_i}$$

式中：R_{cal} 为计算得到的目标距离（m）；I_i 为第 i 个采样点的信号强度灰度值；r_i 为第 i 个采样点的距离坐标值（m）。

这种算法具有很好的鲁棒性，同时由于充分利用了每一个采样点的信号强度来判断最终的目标距离，可以在保证计算速度的基础上兼顾计算精度。因此，在

---

① 孙剑峰，魏靖松，刘金波，等.条纹管激光成像雷达目标重构算法［J］.中国激光，2010，37（2）：510-513.

条纹阵列探测激光雷达的信号鉴别过程中，CoG算法被广泛采用，本节也将基于此算法来建立系统测距精度的理论模型。

二、测距精度的仿真分析

（一）仿真模型的建立和仿真分析方法

根据条纹阵列探测激光雷达的距离分辨原理和成像机制，我们建立了用于分析系统测距精度的仿真模型。该模型由激光发射、大气及目标特性、门控、信号探测、信号采样、距离反演和精度计算几个基本模块组成。

仿真程序的运行流程：第一，在门控模块的延时配置下，生成激光发射脉冲，该激光脉冲经整形后射向目标；第二，根据大气参数、目标距离和形状，建立目标回波信号；第三，以目标回波信号波形为基础，结合探测器的成像特性和时间分辨特性，生成回波信号的条纹图像；第四，根据CCD的采样特性和计算机的存储能力，生成回波信号的数字图像数据；第五，利用合理的距离提取算法，结合回波信号的数字图像数据，获得目标的距离计算结果；第六，将目标的距离计算结果与目标的真实距离模型相比较，得到系统的测距精度的仿真结果。

在门控模块中需要设定探测器的距离门开启时刻相对于激光发射时刻的延时D_Δ，通过改变延时值和距离门宽度可以调节条纹信号在图像中的位置，进而实现特定的仿真需求。

激光发射模块负责产生激光脉冲并对其进行光束整形，整形后光束以线型的激光脚点覆盖目标。根据激光的脉冲能量和光束的发散角可以确定激光脚点的能量密度。

激光经目标反射和大气衰减后形成回波信号，回波信号中包含了目标的距离信息和形状信息，当回波信号被成像镜头接收并入射到光阴极上时，还会引入散粒噪声和背景噪声。干扰信号探测模块是仿真模型中最重要的部分，它负责对时域信号进行空间展开，展开过程要基于探测器的线扩展函数、噪声模型以及增益程度来实现。最后，空间条纹图像被信号采样模块中CCD采集，可以得到由仿真程序生成的回波信号条纹图像。

根据获得的条纹图像数据，利用质心权重算法可计算出目标被激光脚点覆盖区域的距离数据。该距离数据的整体分布应与目标真实距离模型相一致。结合公

式 $\Delta_{\mathrm{range}} = \left[\dfrac{1}{N} \displaystyle\sum_{t-1}^{N} (R_i - R_{fit,i})^2 \right]^{1/2}$ 可计算出距离数据与真实距离模型之间的均方根误差值，从而实现对系统测距精度的定量评价。

（二）乘性噪声引起的误差

在恒定发射功率工作模式和近饱和成像工作模式下，乘性噪声引起的测距均方根误差可以分别由以下公式计算得出：

$$\Delta_{\mathrm{mul\_1}} = \frac{c\sqrt{k_{\mathrm{m}}\tau_{\mathrm{streak}}}}{2\sqrt{I_{\mathrm{total}}}}$$

$$\Delta_{\mathrm{mul\_2}} = \frac{c}{2}\left(\frac{t_{\mathrm{bin}}k_{\mathrm{m}}}{\sqrt{2\pi A}}\right)^{1/2}\sqrt{\tau_{\mathrm{streak}}}$$

在恒定发射功率工作模式下，总信号强度保持不变，测距均方根误差将与条纹宽度成正比；在近饱和成像工作模式下，信号峰值强度保持不变，测距均方根误差将与条纹宽度的算数平方根成正比。下面我们将利用仿真模型来验证条纹宽度对测距精度的影响。

第三节　条纹阵列探测高空机载三维测绘的实验分析

一、机载测绘实验系统的建立

（一）机载测绘系统的整体结构

条纹阵列探测激光雷达的机载测绘应用是基于飞机平台展开的飞行实验，整个系统需要安装于机舱内部。实验中我们选择的飞机为哈尔滨飞机工业集团生产的运-12轻型运输机，其最高飞行高度为7 km，巡航速度为270 km/h。其中雷达主机中包含激光器、探测器、光束整形模块和镜头等核心器件，为了应对高空机载作业中的复杂环境，该部分在地面雷达系统的基础上进行了加固和密封。从雷达主机出射的激光束与飞机飞行方向平行，经扫描镜反射后，从飞机底部的窗口出射。在主机正前方，安装了针对机载平台独立设计的扫描系统和用于定位的惯导模块。在主机侧面安装了电压逆变和稳压装置，它可以将飞机输出的

24 V 直流电转变为雷达系统所需的 220 V 交流电。通过延时信号发生器实时调节激光器与探测器之间的触发延时，从而使系统在不同飞行高度下选取恰当的距离门范围。[①]

机载对地测绘实验中，雷达系统的工作频率为 1000 Hz，CCD 分辨率设定为 1000×500 像素，即探测器包含 500 个采样通道，每个采样通道内包含 1000 个时隙。根据线阵成像的探测原理可知，每个激光脉冲可获得 500 个激光脚点对应的距离信息，则整个机载测绘系统的数据率可以达到 500 kHz，即每秒获得 5×10^5 个点云数据。

根据 CCD 的分辨率可知，每幅条纹图像大小为 512 KB，可以计算得出系统的数据存储量为 512 MB/s。普通机械硬盘的稳定存储速度约为 100 MB/s，并且很可能受到飞机飞行中带来的高频振动而损坏，因此不适用于机载实验。

固态硬盘利用内部闪存存储数据，稳定性远好于机械硬盘，但是其稳定存储速率也只能达到 400 MB/s，仍无法满足大数据量快速存储的需求。因此，实验中我们采用磁盘阵列作为数据存储单元。磁盘阵列由四块容量为 1 TB 的固态硬盘共同组成，每帧图像被等分为四份同时存入四块硬盘中，因此存储速度将得到大幅提升。磁盘阵列的稳定存储速率约为 800 MB/s，能够满足实验需求。另外，磁盘阵列的总容量为 4 TB，可以连续存储 2 小时以上的飞行数据。

（二）推扫式扫描体制

1. 推扫式扫描体制的工作原理

目前基于线阵探测激光雷达的机载激光三维测绘系统主要采用推扫式扫描体制，线型激光脚点的长轴方向与飞机飞行方向垂直，激光束出射方向相对于飞机固定不变，激光脚点对地面的扫描完全依赖于飞机平台的运动。推扫式扫描体制的主要优点在于它的结构相对简单，将扩束后的激光直接沿垂直于飞机平台方向发射即可，无须配合电机等扫描装置。然而，推扫式扫描体制也存在着显著的不足，由于激光束相对于飞机平台固定不变，因此在飞机行进路径上地面激光脚点覆盖区域的宽度将由激光发散角所决定。为了保证足够的水平分辨率和激光能量密度，机载测绘中激光发散角一般控制在 3°～5°，若飞机飞行高度为 5 km，则地面激光脚点幅宽在 260～436 m。换句话说，若想完成 5 km×5 km 区域的测绘任务，飞机需要至少往复飞行 10 次。然而运-20 飞机在掉头时所需的最小转弯半径为

---

① 罗东山，何军，崔立水.无人机空中激光扫描测绘系统的设计与实现［J］.测绘与空间地理信息，2015，38（10）：175-177.

1 km，那么为了完成整个区域的测绘任务，飞机在全部掉头过程中飞行的总距离约 60 km，占总飞行轨迹的 50% 以上。可见，由于测绘幅宽太小，飞机在往复飞行过程中大部分的时间和燃料都将消耗在掉头过程中，这既不利于对地形环境的快速侦测，还会增加测绘任务的成本。虽然利用多探测器拼接组合的方法可在一定程度上增加测绘幅宽，但这也必然导致系统结构的复杂化和制造成本的增加，因此并不适用于三维测绘技术的工程应用。

为了能够实现机载宽幅测绘，这里提出了一种推扫式扫描体制，即线型激光脚点的长轴方向与飞机飞行方向平行，通过激光束的往复摆动实现对地面区域的逐列扫描。在推扫式扫描方式下，扫描方向垂直于飞机飞行方向，扫描幅宽则由激光束的摆动幅度决定。实际上，可以利用扫描系统来实现激光束相对于飞机平台的摆动，其中 X 轴为飞机飞行方向；Y 轴为垂直于机载平台指向天空方向；Z 轴为飞机右侧机翼方向，它与 XY 平面垂直。激光束沿 X 轴以一定发散角入射到扫描镜上，经扫描镜反射后在地面形成线型激光脚点，扫描镜在伺服电机的驱动下可进行转动，进而使地面上的激光脚点沿 Z 轴方向发生平移，最终实现对地面被测区域的推扫式扫描。

扫描系统中扫描镜转动的角度称为扫描角，规定当激光束经扫描镜反射后沿 Y 轴方向出射时扫描角为 0°。扫描镜的转动模式可由扫描角 α 随时间的变化关系表示，即扫描角在 t_1 时间内先由 $-\alpha_0$ 变化至 α_0，随后在 t_2 时间内由 α_0 复位至 $-\alpha_0$，并按此模式往复转动。其中，t_1 为扫描系统的扫描时间，t_2 为扫描系统的复位时间，$\pm\alpha_0$ 为扫描镜的转动范围。

由推扫式扫描系统的工作原理可知，其测绘幅宽将由扫描镜的转动范围决定，当飞机飞行高度为 5 km 时，±15° 扫描角对应的测绘幅宽可达 2680 m，仅需要两次往复飞行就可以完成对 5 km × 5 km 区域的测绘任务，测绘效率相比于推扫式扫描方式得到了大幅提升。

在地面目标距离像重建实验中，只需要对被测目标完成单次扫描即可，且对扫描镜的转动速度并无特别的要求，因此扫描控制和角度反馈均相对容易。然而在机载对地测绘实验中，扫描系统需要在飞机平台直线运动的基础上通过扫描镜的往复转动来实现对地面区域的推扫式扫描。为了保证地面激光脚点能够完全覆盖被测区域，扫描镜的转动模式与飞机的飞行参数间存在如下关系：

$$(t_1 + t_2)V = 2H \tan \frac{\theta_r}{2}$$

式中：V 为飞机飞行速度（m/s）；H 为飞机飞行高度（m）；θ_r 为激光束发散角（°）。

一般情况下，要求扫描镜的复位过程在尽量短的时间内完成，因此复位时间 t_2 将由电机最高转速 ω_{max} 和扫描角范围 $\pm\alpha_0$ 共同决定：

$$t_2 = \frac{2\alpha_0}{\omega_{max}}$$

将上式代入公式 $(t_1 + t_2)V = 2H\tan\dfrac{\theta_r}{2}$ 中可以得到扫描速度的表达式为

$$\omega = \frac{\alpha_0}{\dfrac{H}{V}\tan\dfrac{\theta_r}{2} - \dfrac{\alpha_0}{\omega_{max}}}$$

2. 推扫式扫描体制下激光脚点覆盖能力的仿真分析

为了进一步研究推扫式扫描体制在实际测绘应用中的适用性，我们利用仿真方法分析了激光脚点对被测区域的覆盖能力。根据机载测绘实验预定的测绘区域，我们在全球数字高程数据库中下载了相应的数字高程地图，并将其与飞行参数和扫描参数相结合，得到了激光脚点分布的仿真结果。

仿真中关键参数的取值为：$V = 70\text{m/s}$，$H = 5000\text{m}$，$\theta_T = 3°$，$\alpha_0 = 15$，$F_{laser} = 1000\text{ Hz}$，$\omega_{max} = 60°/\text{s}$，$\omega = 10°/\text{s}$。通过仿真结果可以看出，在推扫式扫描体制下激光脚点覆盖区域的宽度明显大于推扫式扫描体制，并且在合理的参数配置下，相邻扫描周期内的激光脚点可实现无缝衔接。

3. 惯性导航系统和距离反演算法

在地面测绘应用中，雷达系统的位置是固定不变的，因此我们可以通过测量目标相对雷达系统的距离，重构出目标在以雷达主机为原点的坐标系中的距离像。然而在机载对地测绘应用中雷达系统的位置是跟随飞机运动而变化的，并且最终需要获得的距离像是建立在大地经纬度坐标系上的。因此，必须知道每一帧回波条纹图像所对应的飞机的位置和姿态信息，利用惯性导航模块我们能够在激光器每发射一束激光脉冲的同时，记录飞机的经度（L_0）、纬度（B_0）、高度（H_0）、俯仰角（θ）、翻滚角（Φ）和航向角（Ψ）六个参量。根据这些参量结合距离测量值，即可提取出目标在大地平面上的距离像。

为了获得被测目标的数字高程三维图像，首先应明确几个大地测量学中坐标系的定义。

第一，载体坐标系。在机载测绘中载体坐标系以飞机中心为原点、以飞机机头方向为 X 轴、以飞机右侧机翼方向为 Y 轴、以垂直于飞机平面向上为 Z 轴。

第二，WGS84 地心直角坐标系。在地心直角坐标系中，以地球质心为原点、X 轴指向零度子午面和赤道的交点、Z 轴指向协议地球极方向、Y 轴方向通过右手规则确定。

第三，大地经纬度坐标系。大地经纬度坐标系也称地球球面坐标系，它是一个非直角坐标系。空间中一点 P 在该坐标系中的坐标可以用 P 点在地球表面上投影点的经纬度（B，L）和 P 点到 P 的投影间的距离 H 来表示。

二、机载测绘实验中系统的工作模式及参数选取

（一）不同飞行高度下系统工作模式的选择

在条纹阵列探测激光雷达的机载对地测绘应用中，根据不同的任务目标，飞机飞行高度通常在 1000 ~ 6000 m，美国阿瑞特联合公司的研究人员已对条纹阵列探测激光雷达的低空机载测绘进行了初步的实验研究，本节将侧重于研究雷达系统在中高空机载测绘中的应用效果。我们将主要针对 3000 m 和 5800 m 两个飞行高度开展测绘实验，分析在这两个飞行高度下的目标回波特性和系统测距精度。

从激光雷达方程 $P_R = P_T \dfrac{\theta_R^2}{\theta_T^2} \dfrac{\rho_T}{\pi} \cos\theta_t \dfrac{A_R}{R^2} \eta_T \eta_R \eta_A^2$ 可知，大气单程透过率 η_A 并非一个固定不变的参数，它应与被测目标的距离 R 有关，为了定量描述二者之间的关系，需要首先明确大气能见度的定义。在气象学中，能见度 V 用气象光学视程表示，它是指白炽灯发出色温为 2700 K（约 2427℃）的平行光束的光通量，在大气中削弱至初始值的 5% 所通过的路径长度。如果大气衰减系数为 β，初始光通量为 θ_0，则衰减后光通量为

$$\theta = \theta_0 \exp(-\beta R)$$

当 $\theta = 0.05\theta_0$ 时，对应的距离就是能见度 V，因此在已知大气能见度情况下可以得到大气衰减系数 β 的表达式为 $\beta = -\dfrac{\ln 0.05}{V}$，$\eta_A = \exp(-\beta R)$。

代入公式 $P_R = P_T \dfrac{\theta_R^2}{\theta_T^2} \dfrac{\rho_t}{\pi} \cos\theta_t \dfrac{A_R}{R^2} \eta_T \eta_R \eta_A^2$，激光雷达方程可改写为

$$P_R = P_T \frac{\theta_R^2}{\theta_T^2} \frac{\rho_t}{\pi} \cos\theta_t \frac{A_R}{R^2} \eta_T \eta_R \left[\exp\left(\frac{R\ln 0.05}{V} \right) \right]^2$$

根据气象站公布数据可知机载实验测绘区域当月平均能见度为 8.5 km，若被测目标距离为 3000 m 和 5800 m，则大气单程透过率 η_A 分别为 0.35 和 0.12。

当扫描角范围 $\alpha_0 = \pm 15°$ 时，激光束与地面之间的平均入射角为 $\theta_t = 7.5$，结合机载测绘实验中雷达系统的主要参数 $P_T = 20\,\text{W}$，$\theta_R = 3°$，$\theta_T = 3.5°$，$A_R = 0.02\,\text{m}^2$，$\eta_T = 0.95$，$\eta_R = 0.88$ 以及大地平均反射率 $\rho_t = 0.2$，代入公式 $P_R = P_T \frac{\theta_R^2}{\theta_T^2} \frac{\rho_t}{\pi} \cos\theta_t \frac{A_R}{R^2} \eta_T \eta_R \eta_A^2$ 可以分别计算出目标距离为 3000 m 和 5800 m 时入射到光阴极上的信号总能量为 2.1×10^{-13} J 和 6.6×10^{-15} J。考虑到激光脚点的像在光阴极上的面积约 20 mm^2，则光阴极上回波信号的能量密度分别为 1.1×10^{-14} J/mm^2 和 3.3×10^{-16} J/mm^2，该能量密度相比于一般条纹阵列探测器的最小可探测能量密度至少要大 2 个数量级。

（二）不同飞行高度下系统关键参数的选取

1. 不同飞行高度下条纹宽度的取值

测量者可针对不同的飞行高度来设定合理的条纹宽度值，从而使系统在机载测绘中达到最高的测距精度。在 3000 m 飞行高度下，雷达系统应工作于近饱和成像工作模式下，在此工作模式下测距均方根误差随条纹宽度先减小后增加，而且存在一个使测距误差达到极小值的最优条纹宽度。在机载测绘系统中，每个采样通道内的采样单元数 N 设置为 1000，为了保证距离门宽足够覆盖被测目标的景深，系统的时隙宽度 t_{bin} 设置为 1.15 ns，此时对应的距离门宽度为 173 m。由于近饱和成像工作模式下可适当降低探测器的整体增益，并且 MCP 和 CCD 均通过平场校正处理大幅降低了其光响应非均匀性，这使得 CCD 读出的条纹图像中仅存在很弱的加性噪声（$S_{\text{add}} = 0.1$）及很小的乘性噪声非均匀系数（$k_m = 1.12$）。为了使条纹图像具有相对更高的信噪比，我们将 CCD 读出的信号峰值强度 A 控制在 $245 \sim 250$（饱和灰度值为 255）。将以上主要参数代入公式可得，在 3000 m 飞行高度下系统的最优条纹宽度：

$$t_{\text{optimal}} = \sqrt{\frac{k_m t_{\text{bin}}^3 s_{\text{add}}^2 (N^3 - N)}{6\sqrt{2\pi} A}} = 16.5\,\text{ns}$$

当飞机飞行高度为 5800 m 时，雷达系统应工作于恒定发射功率工作模式下，而且在此工作模式下应尽量减小系统的条纹宽度来获得最高的测距精度。根据测量结果，我们将条纹阵列探测器的聚焦极电压设定为 7160 V，此时线扩展函数宽度为 50 μm，结合公式 $\tau_{\text{streak}} = \sqrt{t_{\text{bin}}^2 \tau_{\text{LSF}}^2 / d_{\text{CCD}}^2 + \tau_{\text{laser}}^2}$ 可以得到 5800 m 飞行高度下系统的最优条纹宽度为 4.4 ns。

2. 不同飞行高度下距离提取中的阈值设定

在条纹图像的距离提取过程中，可通过设定最优阈值来进一步提高系统的测距精度。因此有必要针对不同的飞行高度对图像处理的阈值设定进行预先的计算。

在 3000 m 飞行高度下，雷达系统工作于近饱和成像工作模式下，系统的最优条纹宽度 τ_{streak} 为 16.5 ns，代入 $\text{Thre}_{\text{opt}} = (-0.1\tau_{\text{streak}} / t_{\text{bin}} + 9.6) S_{\text{add}}$ 可计算得出距离提取中的最优阈值

$$\text{Thre}_{\text{opt}} = (-0.1\tau_{\text{streak}} / t_{\text{bin}} + 9.6)S_{\text{add}} = 0.82$$

在 5800 m 飞行高度下，雷达系统工作于恒定发射功率工作模式下，系统的最优条纹宽度 τ_{streak} 为 4.4 ns。由于该工作模式下探测器的增益将被调节至最大值，因此在 CCD 读出的条纹图像中会引入相应较大的加性噪声，在大气能见度为 8.5 km 情况下机载测绘数据中条纹图像的加性噪声均方根 S_{add} 为 1.4。代入 $\text{Thre}_{\text{opt}} = p_{\text{slope}} \times S_{\text{add}} = (-0.1\tau_{\text{streak}} / t_{\text{bin}} + 9.6) S_{\text{add}}$ 可计算得出 5800 m 飞行高度下的最优阈值

$$\text{Thre}_{\text{opt}} = (-0.1\tau_{\text{streak}} / t_{\text{bin}} + 9.6)S_{\text{add}} = 12.90$$

值得注意的是，在一些特殊环境下，如大气能见度极差，太阳背景辐射过强或过弱时，噪声强度也将相应发生改变，此时应根据实测的噪声均方根值对最优阈值的选取进行修订。

三、条纹图像的时间轴和方向角定标

（一）条纹图像的时间轴定标

条纹阵列探测器能够实现时间分辨的功能主要依赖于加在偏转板之间随时间线性变化的扫描电场，电子在扫描电场的作用下飞行轨迹能够发生偏转，偏转后的电子轰击磷屏的不同位置便可以实现时域信号的空间展开。然而偏转板之间的

电场并不是严格均匀分布的，在沿探测器空间轴方向上，扫描电场的中心强度略大于两侧，这就导致在不同方位角上电场对电子的偏转能力具有一定的偏差。从中心通过的电子由于受到更强的偏转作用，最终在磷屏上的成像位置要高于两侧电子的成像位置。因此，当入射时间完全一致的整行电子通过偏转电场时，则会在磷屏上形成略微弯曲的条纹像。

扫描电场中心与两侧的强度偏差与电场的总强度成正比，因此条纹像的弯曲程度也应与扫描电场强度有关。当扫描电场很小时，中心电场和两侧电场的强度几乎一致，此时空间轴上各个位置的电子在磷屏上的像应具有相同的高度；而当扫描电场较大时，中心电场和两侧电场的强度也相差较大，此时通过中心电场的电子在磷屏上的像要明显高于通过两侧电场的电子。这就是说，当条纹信号处于采样通道中心时，条纹的弯曲并不明显；但当条纹信号处于采样通道的边缘时，能够观察到明显的条纹弯曲现象。

在对固定目标的测绘实验中，通常可以通过调节探测器与激光器之间的延时来改变条纹像在采样通道中的位置。这就是说，如果被测目标景深不是特别大，我们可以忽略条纹弯曲对测距精度的影响。但是在机载对地测绘应用中，通常我们无法预先知道被测地物的高程信息，条纹像可能会出现在采样通道的任何位置处，此时必须考虑条纹弯曲所引起的距离偏差。

实验中可以利用距离定标矩阵来降低因条纹弯曲所产生的测距偏差。距离定标矩阵的元素与 CCD 的像元一一对应，每个元素的值表示 CCD 对应像元处的距离值。

我们利用延时移动法对平面目标进行成像获得了条纹阵列探测器的距离定标矩阵。根据信号质心的计算结果，在定标矩阵中查询该质心位置所对应的距离值，从而可以得到更加准确的距离提取结果。延时移动法获取距离定标矩阵的具体实验思路如下：

第一，雷达系统在合适的参数下对一个距离已知的平面目标进行成像，获得单次目标回波条纹图像。

第二，通过改变探测器与激光器之间的延时，使条纹图像在整个时间分辨通道内移动，并按一定间隔存储不同位置的条纹图像。

第三，利用 IWCOG 算法逐列处理条纹图像，得到条纹图像的质心坐标。

第四，结合目标的真实距离和延时设定，得到每个质心坐标处对应的距离值。

第五，对所有质心坐标处的距离值进行插值处理，得到 CCD 所有像元的距离定标矩阵。

（二）水平定位精度估计和方向角定标

雷达系统的水平定位精度是指距离像中地物目标的经纬度坐标值的准确程度，它取决于扫描角真实值和测量值之间的偏差。在扫描系统工作过程中，伺服电机控制器虽然能够反馈扫描角信息，但是其精度通常只能在 0.05° 左右。为了能够更加精确地测定扫描镜的转动角度，在电机转轴上加装了光栅编码器，每当激光器发射一束激光脉冲时，测量控制系统就利用光栅编码器实时读出扫描镜的转动角度。

为了分析并提高机载测绘系统的水平定位精度，我们对扫描系统的扫描角偏差开展了实验研究，激光器发射的激光束被扫描镜反射后射向距离 15 m 处的一个接收屏幕，通过调节透镜组参数可使激光在接收屏幕上的脚点汇聚为一个很小的圆形光斑，光斑直径约 3 mm。利用视场角为 5° 的成像镜头结合 CCD 采集接收屏幕上激光脚点的像。时序同步控制器提供同步触发信号，在激光出射的同时，CCD 采集图像、计算机记录光栅编码器的角度值。

在实验中，我们首先应确定 CCD 每个像元所对应的角度值。转动扫描镜，在接收屏幕上得到两个不同位置的激光脚点，直接测量两个激光脚点之间的距离为 0.28 m，则两个激光脚点相对于 CCD 的角度差为 2.14°。再通过分析 CCD 对两个激光脚点的成像结果，可以得到两个脚点在 CCD 中的质心位置相差 428.4 个像元，则 CCD 每个像元对应的角度为 0.005°。

伺服电机带动扫描镜转动时，接收屏幕上的激光脚点应按一直线轨迹运动。然而从 CCD 对视场内激光脚点的连续采集结果中我们发现，激光脚点的实际运行轨迹并非一条直线，这必然会导致目标水平定位的偏差，这种偏差可以通过角度定标的方法加以修正。经过多次重复实验我们发现，激光脚点轨迹虽然不是一条理想的直线，但它们却具有很好的重复性。因此，可以将多次激光脚点轨迹的测量结果加和平均后，得到一个用来修正最终扫描角测量值的定标矩阵。

第六章　主体决策行为对空间规划实施成效的影响机理与实证分析：以土地利用规划为例

第一节　空间规划实施成效测度方法因素与体系概述

一、空间规划实施成效的辨析

（一）何谓规划实施成功

空间规划是自然资源的配置或利用意图在区域空间构成和运作方式的一种外化形式。实体规划、经济规划和公共政策构成了空间规划的最基本的三个层次的内容。实体规划特性重点考察在物理形态层面，规划实施结果与规划意图之间的吻合程度和偏离程度。经济规划特性反映了空间规划在配置资源时的突出作用，空间规划的实施必定涉及各方利益的博弈。而在进行空间规划实施评价时，需要着重斟酌资源实际利用和规划配置的效益与合理性。公共政策特性意味着规划实施是在一个特定的政治与制度的环境中进行的，同时，公平性和民主性等非物理形态的外部性后果需要在评价规划实施时得以充分考虑。

规划实施是否成功本身就是一个非常复杂的命题，为此，规划师对这个命题的回答仅仅依赖于一些模糊和主观的价值判断，甚至为了逃避这个问题而专注于规划编制的方法和过程。虽然政策实施分析手段和方法体系日趋成熟，但是规划师仍然有必要深入探究规划是否真正被实施以及规划实施的成效如何。因而，要评估空间规划管制实施的成效，如同评价规划实施成效一样，要测度规划对结果及目标达成指标的影响，这是十分困难的。而且，空间规划面向的是具有综合性、复杂性以及不确定性等特征的复杂开放系统，因此，即使众多研究都探讨了规划实施的有效性的判别和测度，但对其概念一直都没有简单、直接、唯一的界定。本节在系统对比一致性和效能评价方法应用前提条件的基础上，提出了规划有效的四种条件和标准：第一，实际开发状况主观与规划匹配，且完全吻合；第二，受限于客观因素，实际开发状况主观不得不与规划违背，且这一开发决策得到论证；第三，规划为实际开发情况的决策后果提供了一定的参考和帮助；第四，实际开发虽然与规划违背，但其规划最终目标并未改变，实质上是对规划的不断修正。

此外，同样的规划实施结果，基于不同的分析视角，规划实施成败评价的结论也会不一。如果基于控制的视角，规划的目标是对未来不确定性的控制，那么只有实际土地利用与规划意图完全相符，规划才能被认为实施成功；如果基于干预的视角，规划的目标是引导土地利用，降低未来不确定性的影响，那么只要土地利用决策过程中受到规划的影响，即使土地利用与规划意图不完全相符，规划也不一定意味着实施失败了；如果基于管理的视角，规划的目的是解决问题，只要规划实施结果是有利的，那么即使实际土地利用与规划相悖也可以认为规划实施成功。

（二）规划实施成效内涵

1. 价值实现的视角

土地资源具有交换、使用、社会、环境、形象和文化等六种价值，规划的实施便是为了保障上述土地价值的实现。此外，也有学者提出，规划实施成效不仅需要考虑土地利用的经济目标，还要考虑保护农用地，生态环境、历史文化遗产等重要的资源，同时也要考虑维护社会公平，保障基础设施以及提供充足的保障房用地等。规划实施成效是健康、安全、便利和美学的平衡。部分学者从土地资源的政治属性出发提出，空间规划是政府政治意图的一种体现，规划实施也是实现政治目标的工具之一。进入 2022 年，对规划实施成效的解读已转向规划价值层面，即规划实施对社会成本和收益的影响。土地利用不仅要通过资源配置来创造社会财富，实现自身的经济价值，而且要为人类提供宜居和可持续的自然生态环境，保障生态价值和社会价值的实现。

2. 落实目标的视角

规划的制定与实施能够为未来发展的不确定性提供一定程度的确定性。规划实施中的各项活动对自然环境以及人类生存环境有长期的影响，而且这个影响是不可逆转的。规划通过制度工具引导和规范土地开发行为，从这个角度来说，规划的有效性可以通过规划政策结果与其预期目标之间的符合性程度来测度，而且，空间规划还具有管制性特征，通过规划图和分区管制图则能明确各类土地的数量和用途规则。规划实施结果与规划预期的符合程度，即规划方案的落实程度，便是规划实施成效的重要体现。

3.交易成本的视角

新制度经济学认为空间规划是一种公共政策和制度安排，社会总成本的减少程度便是规划实施的成效，这些社会成本包括所有利益主体在空间开发过程中的交易成本。此外，规划实施成效的重要体现是规划制度安排是否有助于规划者降低交易成本。

在规划执行的过程当中，如果规划的相关政策并没能有效减少土地开发过程中的交易成本，将大大折损规划实施成效。

4.外部性视角

空间规划涉及方方面面的公共利益，规划实施主要是为公众提供生存所需，包括粮食、居住、通勤、生态等公共利益，保障基本生存，维护空间公平，提升经济发展等。为此，规划实施结果具有显著的外部性特征，规划实施成效可以由两方面表征：一是通过规划实施促进社会总体效益的提升；二是减少社会负面影响，遏制公共负外部性。为此，规划通过引导和管控土地开发而给社会、经济、环境等方面所带来的公共外部性即可代表规划实施成效。

二、规划实施成效的测度方法体系

（一）成效的评价基准

规划成效评价的基础问题是如何选择规划有效性的基本准则或参照的规范，即规划实施成效的基准是什么[①]。另外，为了提高规划作为一门学科或一个专业的可信性，规划人员必须使用评价标准，并且这个评价标准必须能够对规划的有效性做出真正的判断：好的计划必须与坏的计划区分开来。而且，这些标准是规划师、政府部门以及社会公众对规划实施结果判断的有效依据。发展至2022年，一套可以用来评判规划质量及其过程有效性的准确标准究竟包括哪些内容，规划师们仍未达成共识。

1.结果理性

规划是理性决策的结果，结果理性是规划实施成效评价中的一个重要的价值取向。持有结果理性理念的学者认为，编制规划的目的是消解未来不确定性的影

---

① 周国艳.西方城市规划有效性评价的理论范式及其演进［J］.城市规划，2012，36（11）：58-66.

响，规划实施结果与规划预期的吻合程度，可以作为规划实施有效性的一个评判标准。为此，基于规划实施结果与规划意图的一致性的规划实施评价标准得到了广泛的应用。以规划实施结果作为评价对象，一致性的评价基准能够简单明了地刻画规划意图是否得到贯彻和实现。

2. 过程理性

过程理性认为，规划实施是一系列规划决策的过程，规划实施结果由规划实施过程所决定。过程理性强调规划本身不是目的，正确的决策才更加重要。为此，在规划实施过程中，只要规划实施行为主体（包括政府部门、市场主体和其他相关利益主体）的决策是理性的，在面对当下规划实施环境时，在充分考虑规划的目标，以及对规划实施条件进行充分权衡后，即使规划实施决策与预期不符，也可认为规划实施是有效的。

由此可知，过程理性的判断基准完全集中于规划决策。因为规划具有自身无法避免的局限性，是否完全按照规划要求一一落实，或是部分采纳，或是弃之不用，都无法完全限定。因而，规划决策正确与否才是最重要的，规划或执行规划则是十分次要的。规划师们都清醒地认识到，规划方案不可能达到完美状态，在面对发展的不确定性时，规划目标可能滞后于发展需求。为此，仅仅依照规划实施结果的一致性作为规划实施成效的基准，也是不恰当的。

然而，基于过程理性的评判标准也具有其局限性。规划过程是否符合理性决策的要求？鉴于当时规划人员和决策人员可获得的资料，是否可以合理地判断规划实施决策是可行和最佳的？这些问题的回答需要在事后重建决策者事先对其处境的看法，以及他们的动机和行动背景。但是，这些评价的关键因素难以观察和测度且不容易回答，而且在实践中也难以操作。

3. 实用主义

仅以空间发展是否符合原来的规划作为空间规划实施成效的评判标准也是不恰当的。规划作为公权力分配公共资源的工具，规划实施的有效性建立在与完全自由市场以及无规划状态下的自组织情景的对比上。相对于一致性准则的机械性和片面性，规划实施成效的判定需要基于事实结果，即规划实施的实际效果是否理想。基于现实主义的规划实施成效的评价基准建立在规划是否真的在起作用上。

基于实用主义的观念认为实施规划的有效性评价应当首先明确规划的目标，根据目标进一步确定规划的内容，以此建立权宜性的指标评估规划实施后目标的落实程度即可。当规划实施后，规划的积极结果大大超过了预期的不良影响，那么，可以认为规划实施是有效的。另外，对于规划管理部门等实际监管规划运行的主体而言，刚性的评价标准与他们实际工作情况脱节，实施结果与规划文本和图则的要求丝毫不差，规划的实施成效在于体现规划的作用。总的来说，实用主义者强调规划实施评价需要有明确的评价目标，规划实施对于实现这个目标是有用的，那么也说明规划实施是有效的，即使在一定程度上规划实施结果的精度性和系统性受到了影响，但是这个标准降低了实施评价的难度以及人力、物力和财力成本。

然而，实用主义的评判标准主要源于规划师和研究者的主观判断，这也使得实用主义基准的客观性和可信度受到影响。实用主义标准往往建立在规划实施发生后，如何界定这个结果是否"有用"就存在着很大的争议。另外，规划面向的是多元主体，多元主体最大的特征之一便是利益诉求的异质性，为此也增加了实施结果的有效性判断基准确定的"理性"。

（二）评价框架

1. 图形叠加法

随着 GIS 技术的普及和广泛应用，应用空间叠加技术量化分析空间规划管控和实际用地情况的差异，并以此评价规划实施成效的做法也得到众多研究者的青睐。图形叠加法常被用来检验规划实施对具体管控目标的实现程度，以此来测度规划实施成效。可以说，图形叠加法是众多规划一致性评价的核心分析框架，也是辨别规划实施结果与预期是否一致最直观的方法。

2. PPIP 评估模型

基于图形叠加的方法为规划实施一致性评价提供了非常方便的分析框架，然而，由于一致性分析结果容易陷入片面性，为了完善规划实施一致性评价的局限，荷兰学派发展了一套关于"规划影响了什么"的实施评估系统。"政策‐开发项目‐实施过程"（PPIP）评估模型整合了政策、规划、开发项目、项目执行决策以及一系列实施措施为整个评估体系服务，并且列出了一系列的标准，如一致性、理性过程、事前最优性、事后最优性、利用率等，这些标准被应用于正在实施的政策和规划过程，以及它们的结果。

PPIP 评估模型结合了政策评估、规划评估以及项目评估等核心观点和相应的评价方法，被认为是将各种评估手段、观点和准则互补整合。根据这一系列标准，规划实施成效可以分为积极的、中性的或消极的。

3. PIE 框架

PIE 框架由来自美国和新西兰的研究人员所提出。该评价框架是关注规划与相关政策和规划许可之间联系程度的一种方法，它依赖于对规划和许可的分析，提供了一种严格、定量和系统的方法来评估土地利用规划的实施程度。PIE 框架将实施概念化为规划通过采用发展许可中的相关管理技术实现其政策的程度，为此，通过衡量"规划在实施过程中是否运用了指定的管理技术"来判别规划是否得到实施以及实施的程度如何。

在 PIE 框架下，评估方法侧重于规划管控政策与规划许可之间的联系强度，通过测度相关管理技术的采纳情况来评估规划实施成效，采用特定规划政策手段充分实现其规划意图被定义为执行良好的规划。通过实施广度和实施深度两个指标来评估规划行政指引文件（如帮助相关规划实施的行政强制性法规、规划实施指南和导则标准、城市开发管理工具和办法等）在规划许可管理上的实施效果。

（三）评价方法

1. 一致性评价方法

根据结果理性评价基准在规划实施不同层面的应用，可以将一致性评价方法划分为基于规划指标落实的一致性评价、基于图则管控要求的一致性评价和基于功能目标引导的一致性评价。

2. 效能评价方法

虽然一致性评价能够直观反映规划实施结果与规划意图之间的符合程度，但是规划实施结果与规划之间并没有明确的一一对应的关系，规划实施仍然需要评价规划作为社会互动过程的一部分，有多少能在与目标相关的行动中转化为现实。虽然效能评价更针对规划实施对土地利用行为的确切影响，但是，效能理论自从提出起一直饱受缺乏可操作的实施方法的困扰。

根据效能评价方法评估重点内容的差异，可以划分为基于过程绩效的效能评价和基于措施绩效的效能评价。基于过程绩效的效能评价针对的是规划对相关决策过程的影响。基于措施绩效的效能评价针对的是在规划实施过程中，所采用的特定的政策措施等对规划实施决策的影响。

3. 综合评价方法

目前在空间规划实施评价中，综合评价法得到了较广泛的认可和应用，这一方法主要基于综合评价指标体系，因此也被称为多项指标评价法。

三、影响规划实施的因素

（一）规划实施主体的影响

造成规划实施结果与预期的偏离，可能是实施主体根据规划实施外部环境变化做出的权衡，也可能是规划本身内在缺陷，或是规划实施保障措施的纰漏，这些导致规划实施结果偏离的原因，需要根据其性质进行加以区分。在规划实施结果的影响因素中，规划实施主体特征是被提及最多的一个因素。规划过程中的行为通常都涉及城市的整体，不同的机构、阶层、团体和主体间都有各自具有差异性的价值取向。规划实施之所以复杂，是因为实施过程包含了许多参与者，也包含了许多不同的观点和价值取向，另外，澄清规划实施决策的出发点本身就是一条漫长而曲折的道路。规划实施失败的一个重要原因是政策制定者并没有认识到在规划实施过程中需要协调大规模空间活动、相互矛盾的利益以及多元利益主体的复杂性和困难程度。

由于规划实施过程存在众多的规划实施行为主体，增加了规划实施系统的复杂性，为此，也使得规划实施的"指挥棒"在实施过程中更容易被丢弃。学者周国艳认为规划应当是社会利益相关者的集体行动，开发商、投资者、社区组织、中央和地方政府及其所属的部门等主体都不同程度地参与到规划实施过程中，为此，多元利益主体的土地利用行为将直接影响规划实施成效。在众多规划实施参与者中，政府机关对于规划实施决策具有重要的决定权。

此外，规划的顺利实施还需要得到土地产权人（使用者）、开发商、其他利益相关主体、公众和社会组织等的认可、支持、配合和遵守。

土地产权人（使用者）和开发商根据其自身所拥有的资源、条件以及可以利用的工具等进行权衡，决定他们的规划实施行为以及对规划意愿的落实程度。

（二）规划实施外部环境的影响

1.制度运行环境

空间规划内容综合、全面，涉及经济、社会、生态、政治等方面，影响广泛，可谓"牵一发而动全身"，由此，规划实施成效极易受到诸如规划质量等内部因素的影响。但是，在规划实施过程中，对规划实施成效起到决定性作用的是规划实施的运行环境，即制度环境。研究表明，在我国的产权制度、市场机制和土地管理体制的相互交融下，规划运行的制度环境具有土地产权不清晰、土地市场不成熟等特征，因而也会显著制约规划实施的整体绩效。地方政府作为规划的监管主体，在面对地方政绩考核和晋升锦标赛的刺激下，更倾向于推进农地非农化以及城市扩张，从而严重制约了保护耕地和提高建设用地利用效率的规划目标的实现。

另外，即使法律规定了规划，尤其是管制性规划具有法律权威性和强力约束性，但依然无法保证完全实现规划的内容。由于管制性规划弹性和灵活性不足，随着客观现实的不确定性发展，规划编制过程中的部分决策转化为非理性决策，因此，规划很有可能无法得到落实。在中国土地利用规划法律体系尚未确立之前，中国规划实施的效果难以得到充分保证。虽然也有学者建议学习和参考西方国家在规划编制与实施过程中加强公众参与。因为，广泛充分的公众参与能够有效改善规划执行水平，有利于公众对规划形成认同感，提高社会对规划的认可度，而且，广泛的公众参与有利于形成良好建议，提高规划编制的科学性，并且能够帮助公众提高对规划的认识，从而推动后期规划的实施，包括公众支持和社会监督等方面。但是，也有学者提出不能忽视由于文化、政治体制、发展阶段、所面临问题等方面的差异，我国没有必要照搬西方规划过程中的公众参与模式。

此外，规划的执行方式属于强制执行还是在交流、协商、合作的基础上执行，规划编制和执行过程中上下级政府之间的层级关系类型属于上级控制主导型、下级自主型、还是平等协作型等也可能会影响规划的最终有效性。

2. 社会经济运行环境

任何规划的实施并不是在真空环境中运行的，而是与其社会经济环境紧密交互的过程。

首先，在经济区域化、经济全球化的背景下，产业转移，文化渗透，城市间的联系、合作与竞争等空前强化，任何城市都难以独善其身；而土地利用、环境保护、城市发展等诸多议题既受经济区域化、经济全球化的影响，又需要在区域甚至全球合作的框架内才能得到更好解决。

其次，当前我国正处于前所未有的快速发展期、社会转型期，现有的刚性化无法适应这种高度的未来不确定性，导致规划普遍失效。我国的城市化建设往往涉及其他维度。比如，经济因素和人口因素及其动态演化状况已成为最为重要的影响因素。即使在推进城市化建设的当下，随着人口迁移成本的降低，也有众多城市因为人口的大量流失而变为"收缩城市"。城市收缩也会对规划的实施带来不可逆的负面影响。

（三）规划实施的保障体系

规划实施的保障措施，如资金、组织条件、奖惩机制等也可能会影响规划的最终有效性。通过公开透明的规划论证过程，以及强有力的监督规划决策体系，确保规划实施的目的指向公共利益。规划的动态实施管理机制有助于提升规划实施成效。

研究表明，通过建立相应的机制对规划实施情况进行动态跟踪评估、总结，根据现实情况和需要动态地周期性或非周期性地调整和完善规划以及规划实施的方式方法及其保障措施、进度安排等，会显著提升规划实施的有效性。

第二节　基于主体的空间规划实施成效的界定与测度

一、空间规划实施成效辨析

（一）空间规划实施成效的内涵

一般地，将空间规划实施后的空间一致性评判结果作为评判规划实施成效的重要依据，这种简单而直观的评估手段在 GIS 技术的支撑下得到了广泛的应用。规划实施的成效取决于规划实施结果与规划空间管制区的空间吻合程度，规划实施空间吻合度也便成为空间规划实施成效的表征。对于规划实施结果与意图的非一致性内涵和表征，学者间存在不同的争论。有些学者认为空间规划实施结果不能简单通过空间形态上的比照来直接作为评判空间规划实施有效性的依据。空间规划为理性蓝图，规划实施结果的评判除了空间形态上的比对外，还要考察规划实施运行中，规划能否在实施主体决策层面起到作用。如果将规划作为控制未来不确定性的工具，那么规划实施结果与预期的不一致便意味着规划实施的失败。因为空间规划实施的成效可以视为一种政策执行的绩效，即当规划实施结果与预期不一致时，如果规划对土地利用行为主体在决策时起到了指导作用，也被认为规划是有效的，这种偏离结果的正当性是得到认可的。然而，不论基于一致性还是绩效的评估理念，对于规划实施成效的理解都围绕着规划对主体土地利用行为的影响展开。归根结底，规划实施成效是指规划实施后，土地利用行为造成的后果与规划目标的实现程度。因此，在评估规划实施成效时，不仅需要评判空间规划实施结果的一致性，还需要进一步分析实施结果对于规划目标实现程度的作用和影响。①

空间规划实施成效评估涉及哲学层面的关于空间规划本质目的和必要性的评价。首先，空间规划是一种服务于社会整体利益和公共利益，借助合法权威通过对系统行为及其变化的控制的职业性活动过程，是公共管理的一种形式，空间规划的正当性和使命决定了公共外部性的管控效果可以作为空间规划实施成效的一个衡量标准。因此，以公共外部性作为空间规划实施成效的评估原点，空间规划实施成效便可由规划实施前后公共外部性结果的变化所决定。同时，由于空间规划通过土地用途区对全域土地利用的公共外部性进行了管控，由此，空间规划实施成效可以通过规划实施后公共外部性的结果变化来表征。由于本研究的评价对象是单个主体或项目，因此，本研究中的规划实施成效在一定程度上是指在规划作用下，主体的土地利用行为（项目建设）对公共外部性的作用性质与程度。由于空间规划对公共外部性的调控有两个截然不同的方向，即减少公共负外部性或增强公共正外部性。对于不同性质的空间规划，其核心使命会有所差异，因此在对外部性的管控中也会有不同的偏重。由于公权力的重要职责之一就是通过空间规划控制和减少土地利用的公共负外部性，为此，本书假定：空间规划以抑制土地利用的公共负外部性和促进公共正外部性为主要目标。因此，规划实施后，减少了公共负外部性的规划实施成效要优于增加了公共正外部性的规划实施成效。

（二）空间规划实施成效的构成

管控土地利用公共外部性是空间规划的核心目标之一，因此，对比规划实施前后土地利用外部性的整体变化便能反映规划实施的总体成效。虽然遵守土地用途管制对各区域的土地利用类型的要求进行土地利用活动将可以获得规划预期的公共外部性管控结果，但是规划的实施是一个多阶段的动态决策过程，不确定性贯穿规划始终。因而，土地利用类型与土地用途管制的主导用途完全一致是一个极端的不符合现实的情形，而且不能客观反映规划实施成效的全部。学者斯蒂格利茨强调将政府规制的目标与实际效果区分开。即使规划实施结果与规划意图不符，也需要再进一步辨析不一致的实施行为是否也潜在地有助于规划核心目标的实现，而且，由于规划实施决策行为与空间管制之间的关系是不确定的，即使实

---

① 李冠.主体决策行为对空间规划实施成效的影响机理与实证研究：以土地利用规划为例［D］.杭州：浙江大学，2019：13-14.

施主体土地利用行为并未按照空间管制要求，但是也能实现规划所"欲"目标。这是因为，土地利用的公共外部性不仅来自土地利用类型与用途管制主导用途的符合程度，还来自土地利用类型与周边的关系。因此，基于空间规划实施过程及其产生后果的复杂性，为了更全面客观地评价空间规划实施成效，首先需厘清空间规划实施成效的构成。

首先，从土地用途管制的角度看，空间规划的实施成效主要由土地利用行为与规划管制的主导用途之间的符合程度决定。其次，从兼容性的角度来看，实施成效主要体现为土地利用行为与管制区主导用途的兼容性，即土地利用行为引起的效应表现为促进或阻碍用途区管控目标的实现。如果建设项目与管制区主导用途具有较高的兼容性，那么项目建设所产生的外部性与用途管制区主导用途之间的外部性具有可替换性。最后，土地利用具有较强的外部性，土地利用或项目建设都会对项目所在区域周边一定范围内的空间单元产生影响，从而引起公共外部性。如果项目与周边区域空间单元总体上表现为相互兼容的关系，那么项目或土地利用将会产生公共正外部性；如果项目与周边区域空间单元总体表现为相互排斥的关系，那么项目或土地利用将会产生公共负外部性。

综上所述，空间规划对公共外部性的管控成效由两部分内容所构成：一是规划实施的内在效度，主要反映空间规划中土地用途管制的管控作用；二是规划实施的外在效度，主要反映在空间规划作用下土地利用行为对公共外部性的影响。

二、空间规划实施成效的测度

（一）空间规划实施成效测度框架

空间规划实施成效的测度主要包含两方面内容，一是规划实施的内在效度，二是规划实施的外在效度。其中，内在效度由主导用途符合度和主导用途兼容度所构成。对于内在效度，首先判断评价土地利用与土地用途区主导用途的符合程度，如若符合，则计算其相应的符合度；如若不相符，则需要进一步分析具体的建设项目与主导用途之间的兼容关系。而外在效度主要考察土地利用对公共外部性的影响，因此，项目环境兼容度需要综合评估项目建设（土地利用行为）给一定的缓冲区范围内的环境带来的外部效应。

根据空间规划实施成效的构成，规划实施成效评估主要有以下三个主要流程：第一，对项目的土地利用类型与土地用途区的主导用途的符合程度及实施的内在效度展开分析；第二，对于和土地用途区的主导用途不符合的项目，则对土地用途区展开"项目土地利用与土地用途区的主导用途兼容程度"分析；第三，对所有项目展开"土地利用与周边环境的兼容程度"分析。

（二）规划实施内在效度测度

规划实施成效的内在效度包括主导用途符合度与主导用途兼容度这两方面。对于符合土地用途区主导用途的那部分土地利用，规划实施的内在效度便等于主导用途符合度；对于不符合土地用途区主导用途的那部分土地利用，规划实施内在效度等于主导用途符合度与主导用途兼容度的综合。

1. 主导用途符合度

一般的，土地利用类型与用途管制分区之间的符合程度有三种情形：第一，土地利用类型与管制分区的主导用途相符的，此土地利用类型视为规划许可用途，符合程度最高；第二，土地利用类型与管制分区的主导用途部分不相符，但是可以经过规划调整或用地规划审查得到土地用途许可，视为有条件许可用途，此土地利用类型的符合程度次之；第三，土地利用类型与管制分区的主导用途不相符，视为禁止用途，此土地利用类型的符合程度最低。

2. 主导用途兼容度

主导用途兼容度指的是土地承载的建设项目与土地用途管制区主导用途的兼容程度。对于空间规划而言，如果项目的建设用途与土地用途管制区主导用途相类似，或者项目用途有助于规划目标的实现，那么该建设项目与土地用途区的主导用途具有兼容性。

与主导用途符合度类似，项目类型与用途管制分区的主导用途之间的兼容程度有三种情形：第一，项目类型与管制分区的主导用途相兼容的，此项目类型视为规划用途完全兼容，兼容程度最高，项目建设可以有助于提升公共外部性福利。第二，项目类型与管制分区的主导用途介于完全兼容和完全不兼容之间，需要达到一定要求才能与用途管制区的主导用途完全兼容的，视为有条件兼容，此项目类型的兼容程度次之，项目建设可有助于提升公共外部性福利。第三，项目类型与管制分区的主导用途完全不兼容的，此项目类型的兼容度最低，项目建设造成公共外部性损失。

主导用途兼容度可以通过分析项目类型与土地用途区主导用途之间的兼容关系而得到。与主导用途符合度的评价方法一样，通过记分方式可以更加直观量化主导用途兼容度。

3. 内在效度值测算

空间规划实施的内在效度主要是反映空间规划通过土地用途管制对土地利用行为的管控作用，因此，内在效度值需要对土地利用（项目）与土地用途区主导用途的符合程度或兼容程度进行加总。

（三）规划实施外在效度测度

通过上文的讨论可知，规划实施成效不仅取决于在空间单元上项目建设（土地利用）与空间规划土地用途区主导用途的符合程度或兼容程度，还包括项目建设（土地利用行为）产生的外部性对项目所在空间区域周边环境的影响。如果项目与周边环境总体的兼容性更高，那么项目的建设对于区域来说可以产生公共正外部性；反之亦反。因此，测度规划实施外在效度的关键是评估项目环境兼容度。建设项目是土地利用的一种外化形式，项目在空间上也会对其周边环境产生外部性影响。当项目与周边环境可以相互兼容时，它们之间处于一种和谐共生的状态，可以带来公共正外部性；当项目与周边环境无法兼容时，它们之间处于一种互相排斥的状态，便会产生公共负外部性。因此，项目环境兼容度指的是项目与其周边的项目或土地利用类型之间的兼容关系。如果项目能与周边大多数空间单元相兼容，那么项目建设可以有助于提升公共外部性福利；如果项目不能与周边大多数空间单元相兼容，那么项目建设将损害公共外部性福利。

第三节　规划实施主体决策行为分析

一、规划实施主体认知的转变

（一）从均质性主体到多元主体

空间规划实施与规划意图不相符是损害规划实施成效的主要原因。而实施行为偏离规划意图的产生与时空背景和社会经济发展息息相关，在全世界各地都普遍存在这种问题。在我国，规划实施成效随着经济体制的转轨面临着严峻的挑战，规划实施主体对规划实施成效的影响也越来越突出。

我国在高度集中的计划经济体制下，空间规划的实施主体是处在一种"被动"状态下"按部就班、有条不紊"地落实全国性的经济区划任务和重点布局的项目建设。在此背景下，空间规划实施更像是一种自上而下的国家下发生产任务，地方和具体建设单位按要求执行。在此过程中，规划实施主体（地方和具体建设单位）对规划实施成效的影响非常有限，往往更依赖于中央对计划项目的落实意愿。因此，在这一时期，空间规划实施主体可以看作具有相同特征的均质性主体。

从20世纪80年代起，随着改革开放和经济体制的快速转轨，特别是分税制改革后，地方政府开始积极从预算外（尤其是从土地征收中）为自己聚集财力。在"土地财政"驱动下，推动"城市化"建设的土地开发行为在这一时期内受到地方政府的追捧，由计划经济转型市场经济的过程也产生了利益多元化的建设主体①。相应地，空间规划的实施主体也由均质性主体转向了空间需求和偏好各异的多元主体。由此，多元主体的土地利用决策行为的集合便构成了规划实施的结果。因而，在转型期的大背景下，规划实施主体利益诉求的多样性，给规划管理带来了巨大的挑战。虽然近年来越来越强调空间规划的管制作用，甚至出现多种空间规划上的行政扩权运动，但是从结果来看，在行政分权趋势不断强化的背景下，规划监管者已经逐渐失去了对规划实施者的控制，规划实施成效是规划实施主体与地方政府、规划监管主体讨价还价的结果，因而，规划实施成效更显著地受到市场机制和更多利益相关主体的影响。物质利益原则一直是社会运行的支配性原则，利益最大化是多元主体土地利用决策行为的根本动力，多元主体受自身偏好和外部环境的影响，在认识和衡量空间决策的利益时，都有着各自的价值标准和决策变量。因此，现阶段对于空间规划实施主体的研究，应由基于均质性主体转向基于多元主体的探索。

（二）从完全理性主体到有限理性主体

首先，空间规划是公权力针对不同利益主体的利益诉求差异对土地利用进行的分区要求，同时，空间规划也是一个通过相关法律法规进行维护的需要各利益主体相互遵守的契约。为此，空间规划是一定区域内空间开发管控的重要依据，土地开发行为应该严格遵照空间规划进行。根据传统经济学所假定的"经济人"来理解，规划实施主体，可以理解为一种工具主义意义上的理性者，他们具有有序偏好、完备信息和无懈可击的计算能力，会选择最满足自己偏好的行为。

公共选择理论认为，在非市场环境中的政策执行主体，同样也是"经济人"，也会遵循"经济人"的规则。但是，在现实中，假设作为规划监管的地方政府和作为规划实施主体的土地开发者为完全理性的情况是完全不存在的，无论是哪一

---

① 曹正汉.中国上下分治的治理体制及其稳定机制［J］.社会学研究，2011，25（1）：1-40.

类规划实施主体，虽然行为主体打算做到理性，但现实中却只能有限度地实现理性。主体的任何一项规划实施决策行为，都是在主体认知局限、规划实施环境不确定与复杂多变，以及信息不完全条件下做出的。规划实施过程是一个典型的公共政策执行过程，公共政策执行本身就是一个充满利益冲突与竞争的过程，而人们从事政策执行活动的动力也是由利益推动的，其中包含了实施主体与规划监管主体、实施主体与实施主体、地方政府与规划监管主体之间基于各自角色、利益之上的博弈。因此，在规划实施过程中，无论是公共部门或是私人主体的规划实施决策，都符合有限理性的行为特征。

其次，实践证明，规划实施不佳除了规划编制与实施脱节的结果外，对主体的理性假想也导致了规划实施主体行为与规划预期的偏离。土地利用决策的结果具有不可分割性、不可逆性、不完全预见性，在这样的情况下，作为一个有限理性的行为主体——不论是公共部门或是私人主体，他们的土地利用决策都会造成规划动态失效。另外，已有大量研究表明，以土地开发者为代表的规划实施主体，在做出土地利用决策时并不是遵守"经济人"假设的利益最大化原则，而是更广泛地追求满意或者次优的决策方案。

行为经济学家认为现实中，在不确定环境下的决策主体都是有限理性的，会受到禀赋效应或损失规避及现状偏差、心理账户等决策偏差的影响。

有学者运用行为经济学的分析框架，阐明了禀赋效应与损失规避、心理账户等对房地产开发主体在进行土地利用决策时的影响，同时也验证了土地开发主体具有有限理性。由于不同类型主体的土地利用决策风险态度存在明显差异，因此在土地利用决策行为上也显著地表现出差异性。有研究认为，有限理性过程是土地利用规划的本质之一。因而，从有限理性的框架下来审视规划实施主体空间决策行为，有助于解释许多规划实施与意图相背离（或不吻合）的现象，也能更有效地探析在实际规划实施过程中，主体规划实施行为的影响因素，从而在制定规划管控政策时，更有效地找到引导和约束规划实施主体行为的政策工具。

二、规划实施过程中主体决策行为的影响机制

（一）规划实施过程中土地利用主体的行为分析框架

1. 区位特征

规划实施的本质是土地利用，已有研究也充分证明了区位特征对土地开发决策的显著影响。因而，本书在研究多元主体规划实施行为的影响机制时，也需要

考虑区位特征对实施主体的影响，特别是在更微观的研究尺度上，空间区位中的具体特征属性对于用地主体的决策行为具有显著的影响。

2. 主体特征

由于规划实施主体是千差万别的智人，在空间规划决策中，具有目标性、自主性、能动性、反应性和社会性等特征。在市场经济背景下，城市建设主体更加多元，从而导致土地开发决策行为趋向于多元化。同时，也有研究表明，土地开发潜在收益的多少将决定规划实施主体的态度和决策偏好。可见，在研究规划实施决策行为机制时，主体特征之间的差异性将是必不可少的一环。

3. 项目特征

在规划实施过程中，土地开发项目是规划实施的行为载体，是主体与规划发生联系的媒介，也是主体进行规划实施决策时的对象。规划实施主体在面对不同的项目类型时，将做出不同的开发建设等行为决策。已有研究表明，地方政府的行为偏好将显著影响规划实施的成效。在以经济建设为中心的背景下，重大项目、重点项目是地方官员追逐政绩的强有力保障，因而，具有"重点项目"标签的建设项目已经变成一个重要的行为刺激信号和参考点，将会影响着规划实施行为主体的决策偏好。项目特征将会对规划实施行为产生影响，从而成为规划实施主体进行空间决策的一个重要的影响变量。此外，项目特征还会与主体特征一起形成一个合力，影响实施主体的空间决策。

4. 邻近主体行为特征

规划实施主体的决策行为是面向具体的空间单元的，因而很难满足独立性条件。一般地，规划实施是在一个复杂的空间开发环境内，实施主体依据彼此不确定和相互依赖的空间决策关系，通过长期学习和观察他人的决策策略，结合自己预设的决策框架权衡做出的空间决策行为。规划实施主体常常会在决策过程中参考邻近主体的规划实施决策行为。因此，为了全面理解空间规划决策行为机制，邻近主体的行为特征也是一个非常必要的影响变量。

（二）区位特征对规划实施决策行为的影响

区位特征是土地利用主体对项目潜在选址权衡的影响因素之一，针对各类项目，空间区位特征因素的影响程度各异。首先，规划实施的主体满足"经济人"的假设，规划实施主体从区位特征角度进行决策判断时，以追逐其土地利用收益最大化为基本原则。在一个简单的成本 - 收益分析框架中，多元主体在对具体的土地开发项目进行决策时，不同用途的项目与区位特征之间呈现出不同的相关性。

　　土地利用是规划实施的核心载体，规划实施实质是在空间规划引导和约束下进行土地开发的过程。在均质主体假设下，规划实施结果便是只受空间区位影响的土地开发决策行为的汇总。土地开发决策因素的讨论，受到了许多学者的关注。西方学者在理解土地开发过程基本上运用了土地市场和竞租理论的理论分析框架，但是这个分析框架在不同的土地市场、土地所有权和土地制度背景下并不能直接适用。为此，目前大多数学者选择从空间区位特征的角度来解释规划实施过程中土地利用开发问题（主体规划决策行为问题）。已有的研究表明，在微观层面上，土地价格和可达性特征等区位特征因素均会显著影响土地利用决策行为。

（三）主体类型差异对规划实施决策行为的影响

　　在土地开发决策行为研究中，对于用地主体行为影响因素的选取大多从宏观层面或区域尺度上出发，考虑自然环境、宏观社会经济、政策制度等综合因素。对于一定范围内的微观主体而言，他们所面对的决策客体的自然环境是一致的，所处在的社会经济发展阶段是一致的，所被制约的政策制度因素也是相同的。而规划实施结果是各个主体在规划约束下的空间决策行为的集合。

　　由于多元规划实施主体具有异质性特征，因而，在刻画其规划决策行为逻辑时，需要考虑不同主体类型的特征作为重要的影响因素之一。

（四）土地开发项目特征对规划实施行为的诱发性影响

　　在规划实施过程中，土地开发项目是主体进行规划实施决策时的参考基准。在空间规划管控过程中，不同类型的项目对开发建设的条件要求会有所差异，项目类型特征在一定程度上决定了规划实施主体对土地利用需求的类型和方向。例如：国家级和省级重点工程，不仅是关系到国计民生的基础性建设，还可以拉动全国和地方的经济发展，如铁路、公路、港口、机场、大型工业项目等。此外，各地每年都会根据自身招商引资以及项目的轻重缓急等情况，提出地方重点推进的建设项目。由于地方政府官员政绩考核要求的原始驱动，在规划实施期间，地方政府会抓住各种可以上马的项目，特别是投资规模大、具有一定影响力的重点项目。加之地方层面重点推进的招商引资项目，往往会影响地方的经济发展、税收财政以及社会就业等多个方面。因而，在确保重点工程建设方面，中央政府和地方政府之间往往具有一定的行动共识。

国家层面而言，重点项目与一般项目的不同，在法律法规上已经予以明确。对于用地主体而言，建设项目特征往往意味着地方政府是否具有更紧迫的项目推进需求，而在用地政策上，是否有相对宽松的管控要求。而且，如第三章所述，规划实施主体是有限理性的行为主体，这些项目的特征都将极大地影响规划实施主体在土地开发上的积极性。因而，项目特征对于主体来说是一个信号也是一个刺激，项目是否属于重点项目这一特征显著影响规划实施主体的土地利用决策行为。此外，国家和地方政府在应对社会经济发展的不确定性时预留的规划弹性空间，也会对建设项目的重要性进行认定，从而为规划实施主体提供一个决策行为判断的依据。

第四节　基于主体的规划实施成效评估

一、评价方法分析

（一）主体的土地利用规划实施成效构成

规划实施成效评估是规划评估的重点问题，无论是对规划实施的成败标准的争论，或是规划实施评估框架的搭建，一直以来受到国内外诸多规划学者的重点关注。规划实施成效评估的关键是回答规划实施是否成功或规划是否对土地利用决策产生影响，学者们通过采用不同的评估基准来尝试回答这个问题，较为常用的评估框架有三个：第一，基于空间一致性的评估框架；第二，基于规划效能的评估框架；第三，一致性和效能组合的评估框架。

已有研究在探讨规划实施成效时，研究的对象是规划实施期间全部土地利用的结果，即从宏观角度去分析，土地利用行为与规划预期是否匹配，或是规划对整体的土地利用决策是否产生规划预期的影响。从研究手段来看，已有研究具有明显的基于图形分析的倾向，将规划实施结果假定是一种均质主体行为的表征，规划实施成效反映的是一个近似于各个主体规划实施成效的平均数。

然而，规划的实施是实实在在的人的行为过程，规划实施结果是由许许多多多元主体的土地利用行为的空间集合，在现行法律框架下，土地利用规划对每一个主体的土地利用行为都会产生影响。因此，单纯基于"物"的评估框架并不能客观评价规划对各类主体甚至每一个土地利用行为的作用，也无法全面反映规划实施的成效。

土地利用规划通过划定用途管制区以及执行土地用途管制制度等手段对新增建设用地进行管控。其中,用途管制区的划定包括建设用地管制区以及土地用途分区。由第三章分析可知,公共外部性的管控成效是空间规划实施成效的一个衡量标准,因此,主体的土地利用规划实施成效由其土地利用行为对公共外部性的影响方向以及程度来决定。主体的土地利用规划实施成效也由内在效度和外在效度所构成。其中,主体的土地利用与城乡建设用地管制区管制用途的一致性、与土地规划用途管制区主导用途的符合程度以及兼容程度决定了主体规划实施成效的内在效度;主体的土地利用行为与周边环境的兼容程度决定了主体规划实施成效的外在效度。

(二)评估流程

基于主体的规划实施成效主要是评估单个主体在规划期内的土地利用行为结果与规划的预期目标之间的偏离程度或符合程度。规划通过建设用地空间管制和土地用途管制来引导和规范我国城市城区范围内所有主体的土地利用行为,从而尽可能遏制土地利用公共负外部性的扩大,促进公共正外部性的提升。为此,需要对主体土地利用与规划管控要求之间的符合程度和兼容程度进行一一评估。

根据城乡建设管制分区和土地用途区的相关管制规则,基于主体的规划实施成效评估流程如下:首先,根据新增建设用地的项目属性判断是否属于独立选址项目,如果结果是否定的,那么作为城乡建设用地,需要进行管制要求一致性评价,得到管制用途符合度。其次,如果城乡建设用地选址不在允许建设区和有条件建设区范围内,便需要与独立选址项目一起进行土地用途区主导用途符合度评价,得到主导用途符合度。最后,如果城乡建设用地以及独立选址项目用地的选址既不在允许建设区和有条件建设区范围内,又与所在地块规划土地主导用途不符,就需要进行土地用途区主导用途兼容度评价,得到主导用途兼容度。由此,通过加总管制用途符合度、主导用途符合度以及主导用途兼容度得到主体的规划实施内在效度。另外,所有的土地利用需要与用地选址周边的土地利用情况进行项目环境兼容度评价,由此得到主体的规划实施外在效度。然后,通过加总内在效度和外在效度得到主体土地利用规划实施成效。各类项目以及土地利用与规划土地用途管制区的主导用途符合度、兼容度以及建设项目与周边土地用途兼容度通过两两比对土地利用类型后,进行打分赋值。

为此,在对前人研究进行整理后,通过邀请高校从事规划研究的教师、国土资源部门分管土地规划业务的领导以及办事员等共计 12 人，对各个打分表中的匹配关系进行审议。各位专家结合自身的研究积累和工作实践，经过两轮对打分表中打分规则的意见汇总，最终形成获得 2 / 3 专家认可的打分规则，作为本书的成效评估的评判基准。

二、结果分析思路

（一）管制用途符合度评价

根据相关规定要求，以及《国土资源部关于严格土地利用总体规划实施管理的通知》（国土资发〔2012〕2 号）中的规定："城镇村建设用地，在土地利用总体规划确定的城乡建设用地允许建设区内选址的，按照规定审查报批用地。需要改变允许建设区的空间布局形态，在有条件建设区进行选址建设的，要在确保允许建设区规模不增加的前提下，编制规划布局调整方案，经规划原批准机关的统计国土资源主管部门批准后才能审批用地。"并且，规划对建设用地管制分区以及管制要求也进行了明确的规定，新增城乡建设用地选址不得超出允许建设区和有条件建设区范围。

由此可知，除了单独选址建设项目外，新增城乡建设用地选址原则上需要与土地利用总体规划建设用地管制分区中的允许建设区和有条件建设区相符。为此，根据基于主体的土地利用总体规划实施成效评估流程图，对除了单独选址项目外的所有新增建设用地地块与规划建设用地管制分区进行叠加分析，判别新增城乡建设用地选址是否落在允许建设区和有条件建设区内。另外，根据第三章的规划实施成效测度方法，将新增城乡建设用地与允许建设区和有条件建设区的空间区位进行比对，项目用地选址与允许建设区和有条件建设区完全相符的，意味着规划实施结果与规划意图相符，有效地抑制了公共负外部性或增加了公共正外部性。

（二）主导用途符合度评价

每一类土地用途管制区都设定了主导的土地利用用途，规划实施后，通过比照现状土地利用用途与土地用途管制区的设定，便能判断规划实施的成效。一般地，土地用途管制分类主要包括两个方向：一是禁止和限定用途区内的土地利用，以减少由不当土地利用引起的负外部性。例如，基本农田保护区和生态环境安全控制区等。二是引导和促进用途区内的土地利用，以提升土地利用的正外部性。例如，城镇建设用地区通过引导城镇的集聚建设以提高土地利用效率。因此，各类用途管制分区对公共外部性的管控作用和方向都有所差异。通过评价现状土地利用用途与土地用途管制区的符合程度，可以直观测算规划实施对公共外部性的管控成效。

由此可知，与建设用地管制区要求不符的城乡建设用地项目，以及单独选址建设项目，按照土地用途管制要求，上述建设项目的土地用途需要与土地利用总体规划土地用途管制区中的主导用途要求相符。为此，根据基于不同主体的土地利用总体规划实施成效评估流程图（图略），将上述新增建设用地地块与规划土地用途分区图进行叠加分析，判别新增建设用地的土地用途是否符合土地用途管制区主导用途要求。

（三）主导用途兼容度评价

用途是土地利用的基本要素，兼容性的评价增加规划管控的弹性和灵活性。规划用途兼容性是指项目的土地用途性质与用途管制区的主导用途性质之间的兼容程度，表达的是不同功能的土地用途对外部性作用的相似性。

例如，用途相容的不同项目用地，均能实现用途管制主导用途一致的外部性管控目标。用地兼容性反映了不同土地利用类型的关系，是人们在开发建设或使用土地的过程中不产生矛盾冲突、并能够和谐共处的特性[①]。在规划管控公共外部性时，分离不兼容的用途是降低土地利用引起度外部性的关键。项目建设必定引起土地用途的改变，因而，衡量项目的土地用途与用途管制区的主导用途之间的兼容关系，是评估规划管控公共外部性成效的重要部分。

当主体的土地利用行为虽然与规划的建设用地管制区以及土地用途区的主导用途不符，但是其土地利用与管制区的主导用途具有兼容性，说明此土地利用行为有助于抑制公共负外部性或增加公共正外部性，反之亦反。因此，可通过评价规划实施后主体土地利用所涉及的建设项目类型与用途管制区的主导用途的兼容程度来判别具体建设项目对规划管控外部性的影响。

（四）项目环境兼容度评价

土地利用的外部性是指某一块土地的利用活动对区域或相邻土地的利用方式选择、土地质量、土地价值产生影响，有利的外部性称为正外部性，反之为负外部性。正因为土地利用存在天然的强外部性，意味着土地利用所承载的建设项目，会对规划实施所在区域以及周边带来一定的外溢影响。因此，建设项目与规划管

---

① 王卉.存量规划背景下的城市用地兼容性的概念辨析和再思考［J］.现代城市研究，2018（5）：45-54.

制区主导用途的兼容程度，也是评估规划实施成效的一个重要指标。因此，为了客观评估规划实施的成效，判断建设项目对规划实施成效的影响，还需要全面评价土地开发的具体项目类型与其所处的规划管制区主导用途的兼容性。

由前面的相关论述可知，当建设项目与周边一定范围内的土地利用具有高度兼容性时，可以带来公共正外部性；当建设项目与周边一定范围内的土地利用无法兼容时，将会产生公共负外部性。因此，可通过评价规划实施步骤后，主体土地利用所涉及的建设项目类型与周边土地利用的兼容性的平均程度来判别具体建设项目对规划管控外部性的相关影响。

笔者通过与高校从事规划研究的教师、国土资源部门分管土地规划业务的领导以及办事员等专家讨论后认为，根据土地利用的外部性影响特征，项目环境兼容度应该考虑土地利用项目周边方圆 1 km 范围内的土地利用的兼容性情况。通过对建设项目周边方圆 1 km 范围内的所有土地用途进行判别打分后，取兼容度的均值作为规划实施的项目环境兼容度。

第七章 基于动态数据驱动技术的地质灾害监测预警系统概述

第一节 动态数据驱动技术的基本理论与方法

一、动态数据驱动的定义

数据在计算机科学中,特指能够被计算机识别并可以处理的所有信息的总称,数据处理就是对计算机识别的信息进行存储、处理并反馈出新的信息的过程。数据处理的目的是利用数据中有用的价值,并能够为特定的需求提供数据支撑。地质灾害监测预警是一个庞大的且极为复杂的系统工程,除去现场监测设备的安装、测试及数据采集之外,针对监测数据的处理与分析、预警等级计算及应急处理过程等各个环节都涉及较多内容。因此,具体的工作流程及工作内容都必须明确,且整个流程中的各个节点都必须具备执行通过与非通过等各种情况,即要把监测预警过程中存在的各种情况都事先进行流程化、规范化与标准化管理。

数据驱动思想是最近几年才在我国地质灾害减灾防灾领域中成为一个研究的热点问题,受到众多学者、专家的重视。数据驱动技术即在没有精确模型的条件下,通过大量历史的、实时的数据处理与分析,进行系统故障判断及功能模块控制的技术。该技术包括了大量现代数学理论,具有广泛的应用前景。常用的基于数据驱动思想的有工作流、服务流引擎技术、数据仓库技术,具体的数据处理方法有多元统计分析法、主成分分析法、偏最小二乘法和小波变换法等。由此可见,数据驱动技术的原理是基于集成的过程数据,利用现代数学统计分析方法,提取海量信息中的有用数据,实现基于数据分析结果的预测、决策。针对地质灾害监测预警业务需求,动态数据驱动业务模式具有一定的优势。

二、动态数据驱动技术的基本理论

数据驱动技术所涉及的具体方法较多，但是不管选取哪一种方法来实现数据驱动业务，都必须完成最基本的数据驱动建模过程。因此，针对地质灾害，构建服务于监测预警服务的数据驱动模型是实现基于数据驱动技术业务功能的关键。数据驱动建模，主要包括以下三种情况：第一，在已知对象演化机理的条件下，进行关键参数的估计。第二，简化机理模型。现实中一个对象的诱发因素往往是复杂多样的，如果各种因素都考虑，是能够反映对象的真实变化的，但是模型通常过于复杂，而难以在实际过程中得到较好的应用。因此，在模型构建过程中，通常会利用降维方法进行有效处理。目前，比较常用的多源数据驱动的降维方法有主成分分析法、最小二乘法、聚类法等。第三，在对象机理未知的情况下，直接构建系统输入－输出对应关系，即利用数据分析进行决策。常用的方法有人工神经网络、支持向量机等、最近邻分析法等。

三、动态数据驱动技术的实现——服务流引擎

数据驱动技术作为一种新型的运营模式，即以实时数据为核心，通过现有的数据传输手段，如服务流引擎技术（WebService）等，将所有相关影响因素串联成一个整体，构建一个完整的动态数据获取与分析的新手段。服务流引擎技术来自工作流技术的进一步发展，并结合了 WebService 技术的很多优势与特点，包括单一 Web 服务与 Web 服务组合两种模式。单一的 Web 服务所能提供的功能是很有限的，且已无法满足实际工作需求。Web 服务组合，不仅能够集成分散的 Web 服务，更能调整组合形式、注重服务质量、保障信息安全，形成服务技术或相关协议，利用成熟的工作流技术，使服务流更具有其动态性、分布性及松散耦合等独有的特点。利用服务流引擎技术构建动态数据驱动方法，主要会涉及三个方面的内容，分别为工作流技术、Web 服务技术及服务流引擎技术。

（一）工作流技术

工作流技术是一种标准化、规范化流程，注重自动化与协同原理，目的在于提升效率。目前，该技术已经在电子商务、工程控制、大型企业管理中得到了广泛应用。工作流主要通过将已经固定化的业务逻辑与规则进行计算机语言处理，使得计算机系统可以自动处理大量业务活动，并按照相应的规则前后有机结合，协同工作，从而达到最终目标。工作流参考模型，由工作流管理联盟（WFMC）提出，是一个基于工作流管理的通用框架，对具体的工作流模型的构建具有一定

的指导作用。在该模型中，工作流引擎是系统的核心，由一系列的数据模型与软件构成。其体系结构主要是机构模型与信息模型，又被统称为工作流引擎数据模型，以及更为重要的控制模型组成。

可见，一个工作流模型包括了主要的 6 个关键组件，即 1 个引擎中心与 5 个接口程序，统称为 WorkflowAPI（WAPI）。其主要功能分别介绍如下：

1. Work Flow Enactment Service

工作流引擎通过读取具体的任务，执行工作流过程，并同外部程序交互信息，从而实现对工作流的创建、执行与终止等功能。简单地说就是为工作流的实施提供一个可靠的运行环境。

2. Process Definition Tool

为了满足用户对业务过程的分析，以图形化定义工作流，并生成计算机可以识别的数据流，完成工作流定义。工作流执行过程中通过指定接口进行沟通，并提供标准的数据格式与 API 调用，满足业务过程处理需要。

3. Work Flow Client Application

根据用户需求开发的客户端程序，通过接口实现交互操作，驱动工作流。该应用程序解决系统运行过程中的人工参与问题，通过具体的工作项处理数据对象或功能模块。接口程序（API）包括系统多种服务，如连接、状态查看、过程控制等。

4. Invoked Applications

该接口用于系统调用工作流之外的模块，但是被调用程序的地址及相关信息必须提前配置好，调用方式包括应用代理、规定的互换标准、本地或远程调用等。

5. Other Work Flow Enactment Service

该接口程序用于控制工作流引擎之间的协同工作，主要应用于大型的系统管理中，目标需要多个工作流引擎共同协作完成。例如某些复杂的工作流引擎，还包含多个子流程，则需要利用该接口来操作实现。

6. Administration and Monitoring Tools

管理与监控工作流，主要是对系统中所有工作流进行状态监控，常用的有角色管理、用户管理及过程状态控制等。该接口还会记录所有操作留下来的各种信息，以便高级用户进行检查与维护。

（二）Web Service 技术

Web Service（Web 服务）是一种提供信息服务的主流技术，基于单个 XML（ExtensibleMarkupLanguage）的异构分布计算问题。通过该服务可以方便实现应用程序与数据提供商共享信息。

1. Web Service 体系结构

Web Service 基于独立的、模块化的网络服务，以定义、发布与调用方式，实现三者之间的交互，包括服务提供者、服务注册中心及服务请求者。

Web Service 典型的操作流程：服务提供者定义服务→发布服务资源→请求者申请服务使用需求→绑定服务资源→交互数据信息。当然，一个 Web Service 既是服务的提供者，也可能是服务请求者。

Web Service 在实现过程中，必须通过服务发布、服务查找及服务绑定三个操作，并且有可能需要多次循环才能完成信息交互。

（1）服务发布

为了让服务成为共享资源，必须进行服务发布操作。以什么形式、包括哪些内容及发布地址等问题，是由服务提供方确定。

（2）服务查找

服务请求者通过服务说明，查找对应的服务。该操作可以在服务设计阶段与服务使用阶段进行，前者服务于应用程序的开发，后者服务于应用程序的运行。

（3）服务绑定

服务请求与服务提供确定信息后，通过服务绑定操作，实现服务交互与共享。

2. Web Service 相关协议与标准

为了实现交互操作与信息共享，必须要具有标准的数据表达方式与规范化的数据类型。Web Service 也必须具备一套标准规范，用于联系不同平台、系统或功能组件，因此，其采用基于接口设计的平台，通过制定一系列方法来定义方法、固定参数形式，以服务的形式实现，实际上就是遵循远程过程调用协议（RPC）。

使用方便是 Web Service 的一大特点，可以使用任何一种计算机语言来实现 Web Service，并通过服务查询与绑定实现交互与共享，该服务不需要界面设计、更不需要复杂的编程，只需要根据用户需求提供信息服务。[①]

---

① 王楠，刘心雄，陈和平.Web Service 技术研究［J］.计算机与数字工程，2006（7）：88-90.

（三）服务流引擎技术

单个 Web Service 提供的服务由于存在较大限制，因此只有利用服务组合，集成多个服务的综合能力，才能发挥 Web Service 的巨大潜在功能。Web Service 引擎技术研究的热点之一是如何开展 Web Service 组合，关键是以何种技术标准与协议，使组合后的服务具有更高的效率，同时具备松散耦合等特点。

服务组合的目的是根据功能需求，集成多个单一 Web Service，构建功能更强、效率更高的服务。针对用户而言，服务组合仍然是一个服务，仅是服务内部组合关系发生了变化。组合方式从技术上分为静态组合和动态组合两类。在设计过程中，已明确数据与控制流程，则服务组合方式以静态联系实现。为了实现服务流松散耦合需求，以工作量技术来管理服务流结构，以 Web Service 技术管理服务之间的交互，融合组建服务流引擎。其业务循环过程包括服务流设计、定义、实现及分析过程。

在设计阶段，根据功能需求与管理规则组合子服务，建立服务流；在定义阶段，根据服务流功能说明其参数信息及调用规则；在实现阶段，在监控下运行实例，记录相应的日志；在分析阶段，根据运行日志，分析服务流运行状况及判断是否需要重新设计服务流。可见，服务流四个阶段的工作恰好构成了服务流创建的一个循环过程。因此，构建服务流引擎主要集中在两个阶段：一是设计过程中，包括服务组合、配置等信息；二是运行过程中，包括服务流管理、日志分析及修正完善。

第二节　基于动态数据驱动技术的地质灾害监测预警系统总体设计

一、地质灾害预警对数据驱动的需求分析

我国是一个以山地为主的国家，特别是西南地区，近年来地震频发、局地暴雨集中，诱发了大量的地质灾害。尽管国家从多个方面对地质灾害进行了有效的防治，但是地质灾害事件仍时有发生，究其原因，主要还是地质灾害的发生具有明显的不确定性与隐蔽性。通过多年的重大地质灾害案例事件的总结分析，可见地质灾害事件的不确定性主要表现在以下几个方面：

（一）发生位置的不确定性

首先，我国西南山区面积较大，即使大量的研究文献已证明地质灾害易发区域范围，但是对于地质灾害个体事件来说，还是一个很笼统的区间范围，防御难度较大。其次，受到山区环境地质条件的局限，不少乡镇、村社都建在狭窄的河谷阶地、河道冲积物或沟谷洪积扇上，潜在风险巨大。

（二）发生时间的不确定性

斜坡地质灾害的产生是一个内力与外力共同作用的结果，所表现出的具体形式就是一种岩土体破坏过程或现象。这种岩土体破坏的形成是一种自身变形累积效应的终极体现，但是其过程是异常复杂的，触发因素也是多样的，因此针对其发生的具体时间则更是难以判断。尽管目前有大量的学者针对该问题进行了多年的研究，但是大部分成果都是事后的验证与总结，能够真正做到事前预报发生时间的案例非常少见。

（三）发生形式的不确定性

地质灾害事件发生的原因是不确定的，既有降雨诱发的，也有人类工程活动引发的（如山区公路的修建等），也有构造活动引起的，如汶川地震、芦山地震等，诱发因素的不确定性必然导致其结果的不确定性。

（四）后果的不确定性

据上所述，地质灾害发生时间、规模及其范围都是难以确定的，因此其造成的后果也是不同的。如在山区重点城镇扩建过程中诱发的地质灾害事件（丹巴滑坡），一旦滑坡失稳后将直接摧毁丹巴大半个县城，后果的严重程度是不言而喻的。

地质灾害事件的不确定性和岩土体自身的复杂性具有明显联系，如果在实时预警分析过程中，可以动态获取实时的地质灾害监测数据，预警分析结果会更为准确，也更符合现场实际情况。目前地质灾害预警，多是基于单一因素建立的阈值判据，难以满足地质灾害事件在预警的实时性和动态性上的要求。

二、基于动态数据驱动技术的应用系统基本原理

2000年，美国国家自然科学基金会首次提出动态数据驱动应用系统（DDDAS）这一新型系统模式，通过仿真系统和实际系统的有机结合，实现系统之间的交互操作，比如在系统运行过程中仿真从实际系统中动态获取数据，并给出响应值，或者模拟结果对实测系统的控制，提高结果的可靠性。

（一）动态数据驱动应用系统原理

DDDAS强调仿真系统与实际系统之间的动态反馈，通过信息交互，可以实现实际系统数据输入仿真系统以反映当前的数据状况。同时，仿真数据也可以反馈给实际系统，进而优化实际系统。DDDAS实际上实现了仿真系统与实测系统之间的协同与互馈，更符合系统动态控制需求。常规应用系统与动态数据驱动应用系统的区别主要表现在以下四个方面：

第一，DDDAS集成仿真系统与实际系统，构成一个相对封闭的智能控制系统。仿真系统与实际系统之间可以进行数据交互，做出相应的响应与控制操作，是一个可持续发展的循环回路系统。

第二，DDDAS与常规应用系统的作用范围和实现过程不同。数据驱动应用系统采用协同反馈机制，其实现过程是一个循环优化的过程。

第三，适应性不同。传统仿真系统往往不具备自适应调整能力，而DDDAS自适应综合能力较强，表现为系统算法与模型在运行过程中可根据实时数据反馈进行自适应调整，且可以根据反馈结果进行动态优化。

第四，模型要求不同。传统的仿真系统对模型要求较高，结果对模型的依赖也很大。DDDAS对模型初始数据要求相对低，可以通过后续实时数据进行补充，从而提高预测结果的可靠性。

数据驱动应用系统的主要研究内容可概括为以下四个方面：

一是应用开发，主要包括用户需求调研，基础数据获取，模型初步构建及数据预处理等。

二是稳定和灵活的算法，由于引入了协同反馈机制，因此数据算法是系统运行的核心，因此对数据动态调用、快速处理与分析具有较高的要求。

三是动态环境的系统支撑，数据驱动应用系统数据来源不固定，在分布式异构环境下，需要系统动态调整、平台扩展技术等有效支撑。

四是测量系统，为了获取实时信息，传感器等采集方式需要做出相应的改进。

综上所述，数据驱动应用系统由于具有众多优势，因此在工业设计、制造、自然环境系统、军事指挥及交通管控等领域得到了广泛应用。

（二）动态数据驱动应用系统的主要应用领域

首先，动态数据驱动应用系统最早出现在工程设计与应用领域，尤其是在美国工业界发展非常迅速，如美国得克萨斯（Texas）大学开发的油气安全生产监控系统，就用到了DDDAS原理，实现石油、天然气的实时监测与生产优化。其次，在其他领域，如半导体制造，新加坡南洋技术大学也利用数据驱动技术开展大量工作，研发了实际数据与仿真模拟综合系统，优化了系统控制能力，提高了半导体制造效率与精度水平。最后，数据驱动技术在环境监测预警预报方面也取得了大量成果，如美国俄克拉荷马（Oklahoma）大学的学者 Brotzge 等人研发的天气预报系统，就利用数据驱动技术实现了模拟仿真与实际数据的综合预判。可见，数据驱动技术应用行业是非常广泛的，对于地质灾害监测预警预报具有较好的借鉴意义，且发展前景较好。

三、基于动态数据驱动技术的地质灾害监测预警系统架构设计

基于动态数据驱动技术提出地质灾害实时监测预警系统总体架构，其技术路线包括地质灾害现场信息采集、数据传输与集成；在此基础上，构建监测预警数据服务与模型服务，通过历史监测数据获取初步阈值条件，实现地质灾害初期监测预警功能效果；其后，结合实时监测数据修正完善模型与判据条件，提高地质灾害预警结果准确性与可靠性。同时，针对大量预警预报结果信息的挖掘分析，优化地质灾害监测点部署位置，实现地质灾害预警预报与现场实测数据的动态反馈与控制。上述基于动态数据驱动技术提出的地质灾害实时监测预警系统由以下核心功能模块组成，具体内容如下：

（一）数据采集和多源信息集成

以地质灾害调查与群测群防联动，确定重大地质灾害隐患点位置。通过重点详细调查，获取地质灾害工程地质条件、稳定性影响因素及已有变形迹象等数据。在此基础上，进一步集成历史监测数据，开展地质灾害预警模型研究。

（二）地质灾害监测预警分析

该部分为基于动态数据驱动技术的地质灾害实时监测预警系统总体架构设计的核心。主要包括以下四方面的工作：

1. 预警方法与模型库构建

典型的地质灾害预警模型与判据，以模型库的方式进行存储并管理，根据地质灾害个性特征及稳定性发展趋势确定模型调用机制。

基于实时获取的各类监测数据，针对地质灾害发展演化不同阶段调取对应的预警模型与判据，以此建立地质灾害预警任务，纳入系统服务流进行综合管理，实时再现地质灾害预警结果。

2. 监测数据的动态拟合分析与预警模型校正

在预警任务执行过程中，通过对地质灾害多维数据进行数据融合分析，动态判断地质灾害发展趋势，反馈地质灾害模拟仿真结果，修正完善实际预警模型或判据，提升预警结果的可靠性。

3. 可视化表达

利用现代地理信息技术与新一代网络技术，实现地质灾害预警结果的快速展示，提示用户响应。通常的传达方式包括动画、图表、广播、仪表盘[①]等方式，以此来说明地质灾害当前的稳定状况及其可能的发展趋势。

4. 用户控制

为了防止错误预警信息发布，必须实现人机交互功能。用户可以对预警过程进行有效管控，同时对预警结果信息进行挖掘分析，以便更好地服务地质灾害减灾防灾事业。

综上所述，基于动态数据驱动技术的地质灾害实时监测预警系统旨在结合实时监测数据实现动态调控与预警过程。通过系统模拟可以对现场实测进行动态调控，如优化监测点部署、指导地质灾害应急抢险等；同时也可以利用实时监测数据，动态修正预警模型与判据，实现地质灾害监测预警仿真模型与实测系统的协同反馈。

四、基于动态数据驱动技术的地质灾害监测预警系统的技术优势

与传统的类似系统比较，新型的地质灾害监测预警系统具有明显优势，尤其是在系统协同反馈作用机制方面，可以有效地对集成的历史监测数据开展分析，增加了实时监测数据的动态跟踪与调控，提升了地质灾害监测预警结果的可靠性。

利用动态数据驱动技术，除了增加监测数据的动态更新以外，还增加了地质灾害预警模型库，从而实现了数据驱动与模型驱动双模式驱动地质灾害监测预警计算分析，极大地提升了地质灾害监测预警结果的可靠性。主要包括以下几个部分：

（一）基础数据收集

地质灾害是一种自然灾害现象，需要实时监测预警的只是其中一部分，主要

---

① 彭冬平，张锦.基于仪表盘的城市地质灾害预警信息可视化发布实现技术［J］.经纬天地，2015（4）：31.

是对人类生命财产或生存环境构成威胁的地质灾害。因此，服务于监测预警而进行的地质灾害基础数据收集与传统意义上的普查存在较大的区别，调查的重点是收集重大的典型的地质灾害形成机理、启动条件等案例数据。

（二）预警模型与判据的建立

预警模型与判据是地质灾害预警研究中难度最大、个性化特征最明显。针对地质灾害预警模型与判据，首要是查明灾害体的岩体结构特征，以此提出准确的"地质原型"；正确判断灾害体的演化阶段，明确主控因素，以此提出合理的"概念模型"，进而构建具有针对性的预警模型。

目前地质灾害预警模型与判据建立的方法较多，如统计分析、经验总结及数值模拟等。通过收集典型的案例样本数据，在总结分析基础上，建立典型地质灾害预警模型库，实现地质灾害监测预警过程中的模型动态调用与计算分析。针对某些特殊案例或背景条件复杂的实例，应开展单独的专题研究，可以补充相应的模型或判据，完善地质灾害预警模型库。

（三）监测预警过程的动态调整

在对预警模型的计算结果和实时监测数据的综合分析基础上，对预警结果进行校正优化，可使结果更为符合地质灾害当前演化阶段的实际情况。同时，还可以参考地质灾害实时预警结果，动态增补地质灾害应急监测站点的布局，从而获取更能反映地质灾害变化趋势的信息。

（四）预警信息发布

依据上述模型与判据，可以获取最终地质灾害危险等级。如果危险性不高，则发布加强监测的应对措施，如果危险性较高，则需要采取一定的应急措施。应注意预警结果信息也应存储于数据库中，便于后期查询，反馈现场实测系统或优化地质灾害预警模型。预警信息发布方式主要以 MSN 短信形式将预警结果信息直接发送至相关负责人手机，便于采取相应的应急措施。

与传统的地质灾害监测预警系统相比较，本书提出的基于动态数据驱动技术的地质灾害实时监测预警系统有了很大改进。

1.动态反馈机制

传统的地质灾害监测预警系统基于一种比较简单的对比判断过程，而基于动态数据驱动技术的地质灾害实时监测预警系统，尽管也集成了简单的阈值预警方法，但是通过对历史数据与实时数据的综合分析，不断地修正与完善预警模型，实现的是一种动态反馈机制，可有效提升监测预警结果的可靠性。

2. 引入服务流引擎技术

传统的地质灾害监测预警流程比较单一，基本没有实现自动化识别、判断及发布过程。基于动态数据驱动技术的地质灾害实时监测预警系统，以服务流引擎技术作为数据驱动的原动力，以构建标准的模型库为动态调用基础，实现典型地质灾害自主选择预警模型计算分析，并结合实时反馈信息完善预警模型。

3. 具备一定的动态性与自主学习能力

传统的地质灾害监测预警尚未考虑到实时动态的反馈机制，造成模型计算与实测数据难以协同工作。基于动态数据驱动技术的地质灾害实时监测预警系统融入了数据动态分析、模型自主调用、响应与反馈等自适应处理技术。该机制不仅增强了地质灾害预警模型与判据的实用性，更构建了地质灾害预警模型的自主优化的过程，实现了自主学习、智能改造的目标。

五、基于动态数据驱动原理实现地质灾害监测预警的关键技术

为了实现基于动态数据技术的地质灾害实时监测预警系统，尚需要解决动态数据驱动的监测数据快速处理分析、预警模型自主选择、实时预警分析及动态反馈等关键问题。详细阐述如下：

（一）动态数据驱动的监测曲线拟合分析

监测曲线是地质灾害演化阶段的最直接的信息反应，但是由于监测数据受多种因素的干扰，会使曲线所展示的信息出现失真，甚至错误。因此，针对历史监测数据的处理与分析，必须借助一系列的时序数列处理方法（如误差剔除、插值等）；另外，统计分析及滤波等手段可被用来实现基于历史监测数据的趋势拟合分析，进而通过获取的实时监测数据进行动态修正，为地质灾害稳定性评价及预警等级计算奠定可靠数据基础。

该部分的主要研究内容包括地质灾害专业监测曲线绘制、监测曲线趋势拟合分析、基于动态数据驱动技术的监测曲线动态绘制。

（二）动态数据驱动的预警方法

由于诱发地质灾害产生的因素具有明显的不确定性，在对地质灾害演化阶段

及发展趋势进行预警分析时，模型计算结果与真实情况一定存在着误差。为了减少这种误差，可以利用后续监测数据进行计算分析，并且对模型进行动态修正，从而使地质灾害预警结果更符合其实际演化情况。

该部分的主要研究内容包括预警模型与判据库的建立、模型与判据动态反馈机制、预警结果动态修正方法等。

（三）系统建设主要的研发技术

基于动态数据驱动技术的地质灾害实时监测预警系统，要求快速提取监测数据中的关键信息，动态绘制监测曲线，并对模拟仿真结果进行动态反馈，确保地质灾害实时预警结果的可靠性。该部分的主要研究内容包括监测数据快速处理与曲线绘制、预警模型动态选择、实时监测预警任务执行、预警任务调度管理等。

第三节　基于动态数据驱动技术的地质灾害监测数据快速挖掘分析

一、地质灾害监测类型

（一）崩滑体监测类型

根据崩塌、滑坡监测目的的差异，监测类型主要包括地下水监测、位移监测、物理场监测及外部触发因素监测。上述监测类型又可划分为多种二级分类，每一分类采用的传感器也不同。

1.地下水监测

地下水是影响斜坡稳定性的关键因素之一，主要表现为地下水位、孔隙水压力及岩土体含水率变化。因此针对地下水监测也主要以这几项指标为准，常用的监测传感器包括水位计、渗压计及土壤水分仪等。监测数据主要是时间序列下的地下水状态信息，如某一时刻的地下水位高度。[①]

2.位移监测

位移监测包括地面绝对位移与相对位移，以及深部位移监测，具体说明如表7-1所示：

---

① 张凯翔.基于"3S"技术的地质灾害监测预警系统在我国应用现状［J］.中国地质灾害与防治学报，2020，31（6）：4.

表 7-1　位移监测类型

监测类型	监测内容及具体事例
地面绝对位移监测	常规监测方法之一，仪器包括经纬仪、GPS 等。通过多期遥感数据，如 SAR、INSAR 或激光扫描仪点云数据也可对地表位移进行监测
地面相对位移监测	主要是对地表裂缝张开度、下错距离进行监测。常用的仪器包括小量程的振弦位移计、电阻式位移计、大量程位移计，以及精细的光纤光栅监测传感器。三维激光扫描仪同样可以进行地表相对位移监测，但是需要坐标配准
深部位移监测	包括竖向钻孔的固定倾斜仪，水平钻孔的多点位移计两种。都是反映岩土体内部相对变形大小。其中竖向深部位移监测，可以利用人工滑动测斜仪监测，也可以实现自动化监测

3. 物理场监测

应力应变监测：岩土体破裂，其内部会出现应力应变调整。因此，可监测岩土体内部应力应变状态来反映其稳定性。常用的传感器包括两大类：一是针对岩土体应力应变监测的传感器，如土压力计、混凝土应变计；二是针对支护结构应力应变监测传感器，如锚索、锚杆应力计、管式应变计。

4. 外部触发因素监测

诱发斜坡地质灾害产生的原因众多，外部触发因素监测类型如表 7-2 所示。

表 7-2　外部触发因素监测类型

监测类型	具体内容
地震监测	专业台网负责，可以收集地质灾害附近地震台站资料
降雨量监测	可以利用气象台站数据、雷达预报数据；也可以自建雨量站，一般采用翻斗式的遥测自动雨量计
冻融监测	尚未有直接监测设备，通常利用地温计和孔隙水压力计共同监测
人类活动监测	人类活动类型众多，一般通过现场调查进行监测

（二）泥石流监测类型

泥石流是一种山区常见的地质灾害，主要是在降雨（暴雨、积雪融化等）条件下，发生在沟谷或山坡位置，携带泥沙与石块等物质组成的破坏力极强的特殊洪流灾害。泥石流的形成机理复杂，包括物源、水源和泥石流的自身运动特征 3 大因素控制。因此，泥石流监测需要考虑上述 3 大因素。

1. 物源监测

泥石流由于含大量固体物质而不同于常见的洪水灾害。针对泥石流监测应在了解背景条件的基础上，重点关注固体物质组成、诱发降雨量。

2. 水源监测

降雨量是诱发泥石流主要因素之一，目前常规的水源监测是通过降雨量观测来确定，如日降雨量、小时降雨量及 10 分钟降雨量等。

3. 泥石流自身运动特征监测

泥石流自身运动特征监测主要针对的是已经发生的泥石流，在其运动过程中，监测泥石流流速、流量及冲击力等特征参数。具体监测指标包括暴发时间、历时长度、流速流量、流体动压力、块石冲击力、泥位高度、流面宽度及堆积范围等。

二、地质灾害监测数据常规处理方法

以前在人工监测或半自动化监测过程中，数据的处理通常是专业人员利用相关软件来实施的，例如，常见的 Excel、SPSS、MATLAB 等。操作过程常分两种：判识有无异常观测值的初步分析过程、监测数据综合分析过程。大多数数据分析都是第二种分析过程，其成果将作为稳定评价、应急决策的主要依据。另外，通过利用设备测量获取的信息通常是一系列的电信号信息，因此，首要是根据对应的监测仪器物理量纲转换公式，将这些没有任何意义的信息转化成对应的具有物理含义的监测量值。

（一）监测数据常规分析方法

基于大量文献查阅的分析，比较法、作图法、特征值统计法及诱发因素分析法是监测数据分析的四类常规分析方法。

1. 比较法

比较法就是通过直接对比分析监测量值大小，判断是否超过规定阈值或标准值的一种简便方法。在工程实践中，比较法常常与作图法、统计方法等配合使用，以实现具体的对比分析与可视化显示效果。

2. 作图法

根据监测数据的类型及其规律探索需求，以对应的图件进行展示，如降雨量直方图、地下水位变化的曲线图以及深部位移变化的分布图等。通过图件展示，可以直观地反映监测数据的量值变化大小及其相互影响关系，甚至可以初步判断是否存在异常数据等。

3. 特征值统计法

通过特征信息与监测对象的对比分析，判断是否符合变化规律的方法即为特征值统计法。常见的特征值统计法如利用一个监测周期内的最大值与最小值来判断。

4. 诱发因素分析法

通常情况下地质灾害的形成可能是由某一因素或者多种因素综合影响造成的。因此，为了识别主要诱发因素，一般需要通过较长时间的监测，掌握每一种因素单独作用下对监测值的影响特点与规律，并进行综合分析。例如在边坡工程中，位移的变化与爆破、降雨、抗滑桩施工等多种因素之间都可能存在关联，因此需要进行长期的、周期性的监测对比分析，才能查明诱发变形的主要因素。

（二）监测数据常规曲线绘制与分析

监测数据通常为一串时间序列数值，通过监测过程线图形显示，可以直观查看监测值随时间变化的规律及趋势。同时，通过叠加多个监测点数据，甚至存在相互联系的不同类型的监测指标，可以分析影响因素之间的相互作用关系。

1. 单指标监测曲线

地质灾害常见的单指标监测曲线分析是指针对某种单一因素进行监测曲线的绘制与规律分析，主要包括降雨监测曲线、土壤含水率监测曲线、渗透压力监测曲线、累计位移－时间曲线、变形速率－时间曲线等，分别叙述如下：

（1）降雨监测曲线

降雨监测数据的频率常设为 5 分钟／次，在此基础上，可以计算得到 10 分钟雨强、小时雨强、日降雨量及场次累计降雨量等参数。

（2）土壤含水率监测曲线

降雨诱发浅层滑坡产生的机理主要是降雨入渗线下移，造成坡体基质吸力降低，进而减小了坡体抗滑力，增大了其下滑力，最终导致坡体失稳破坏。湿润锋是难以捕捉的，但是湿润锋的推移过程受坡体入渗特征控制，而土体入渗过程又受土壤含水率控制，因此可以通过监测土壤含水率的情况，从而间接反映坡体稳定状况。土壤含水率监测一般是根据具体的坡体堆积层厚度情况，通过在坡体不同深度位置布置传感器来实现的，监测曲线的表现方式主要是含水率‐时间曲线。

（3）渗透压力监测曲线

降雨过程中，岩土体内渗透压力变化也是导致坡体失稳破坏的关键因素之一。降雨初期，由于坡体表面尚未形成径流，岩土体仍处于非饱和状态。一旦出现径流后，坡体浅表层便处于饱和状态，由于基质吸力消失，土体出现膨胀，进而发生局部变形破坏。当降雨导致湿润锋到达坡体滑面位置后，滑坡体处于饱和状态，从而产生滑坡整体变形破坏。渗透压力监测曲线通常是根据堆积体厚度分层布设传感器，以渗压水头或强度大小与时间的监测数据为基础绘制的。可见，不同深度位置的渗透压力变化趋势近于一致，量值大小随着深度增加而普遍增大，但不具明显规律性。

（4）累计位移‐时间曲线

位移监测部署后，都会有一个位移初始值，后续得到的监测数据减去初始值即得到该时间段内的位移变化值，将连续时间序列内的位移变化值进行累加，即可得到总体位移量。一般情况下，该曲线呈上升趋势，且曲率越来越大，说明变形在加快，即加速变形；如果曲率在减小，说明变形在减缓，即减速变形。

（5）变形速率‐时间曲线

速率是间隔相等的时间内的量值，区别于平均速率的差异，对于斜坡地质灾害的变形监测，它通常情况下表现为一串上下波动的过程。间隔时间可以是小时、天及月等，突发型变形可以细化到每分钟的变形量。通过分析变形速率‐时间曲线，可以判断斜坡变形发展的总体趋势，但是要注意监测点的选择能够反映整个坡体的情况。

2. 多指标监测组合曲线

单一指标监测曲线显示的总是一种监测类型的数据变化情况，但地质灾害的产生通常是多种诱发因素作用的结果，且因素之间还存在着密切的相互作用关系，即某一因素的变化会导致另一因素随之产生一定的动态响应。基于上述认识，通常以两两相关因素监测曲线进行有效组合，构建多指标的监测组合曲线，用于分析因素之间的相互作用关系，确定影响地质灾害的主控因素，为建立科学的预警模型奠定基础。针对地质灾害的多指标监测组合曲线，比较常见的包括降雨与含水率、渗透压力及变形的组合曲线。

（1）降雨与含水率的组合曲线

降雨是诱发滑坡的关键因素之一，但是直接导致滑坡产生往往是降雨引起的二次因素变化，如岩土体含水率变化、地下水位变化等。目前，针对降雨诱发滑坡产生机理的研究尚局限于室内试验分析阶段，还没有一个可以直接应用于实测的理论方法。因此，基于同步的监测时间序列数据，分析典型工程实例中降雨及其相关因素之间的相互作用关系，对构建地质灾害预警模型与判据至关重要。常见的如降雨与含水率的组合曲线。

由此可见，降雨与岩土体含水率相互作用关系明显，少雨或无雨期间，含水率会逐渐降低；暴雨期间，含水率会显著升高，且存在一定的延后效应，具体延后时间长短与斜坡岩土体的渗透能力成反比关系。

（2）降雨与渗透压力的组合曲线

降雨与渗透压力同样存在着明显的相互影响作用，比如，雨季期间降雨量增多，引起渗透压力水头的持续升高。随着降雨的终止，水头会呈现短时间下降趋势，一旦降雨重新开始，渗透压力会迅速反弹。可见，雨季期间，斜坡体内渗透压力总体较大，且与降雨量成正比关系，易诱发岩土体产生变形破坏。

（3）降雨与变形的组合曲线

变形是岩土体破坏的宏观表现，降雨是诱发变形破坏的主要因素之一，因此分析两者的相互作用关系对地质灾害监测预警具有重要意义。通常将位移－时间曲线与降雨历时曲线进行时间同步处理后，显示在一个历程图上，以便于分析两者之间的影响关系。

三、基于动态数据驱动技术的地质灾害监测数据处理方法

基于动态数据驱动技术的地质灾害监测数据处理是在尽量不考虑人为参与的情况下实现监测数据的故障诊断、误差剔除，以及曲线的动态生成。当前，海量的地质灾害监测数据远程无线传输技术已经非常成熟，数据集成系统也已实现。但是在面对如此规模巨大的数据量信息时，快捷的关键信息提取技术与方法尚未得到很好的解决。究其原因，一是地质灾害个性化特征明显，其稳定性受控因素众多，且因素之间还存在着相互作用的复杂关系，主控因子的确定尚属于一个难题；二是地质灾害从孕育、发展至最终破坏消亡的完整监测数据并不多见，造成关键信息大量来自室内试验数据，现场具体问题要相对复杂得多，缺乏足够的实

测数据样本来做更深入的研究。基于上述两个方面的考虑，建立基于动态数据驱动技术的地质灾害监测数据处理与分析方法至关重要。

系统通过集成地质灾害示范区实时监测数据，利用信号处理、统计分析及机器深度学习等智能技术，构建基于数据动态驱动技术的地质灾害监测数据优化处理与分析方法，快速获取能够反映出地质灾害演化特征的监测曲线，并且不用人为干预，可实现地质灾害监测曲线实时高效绘制，动态智能预警分析需求。

（一）监测数据诊断及优化处理

监测数据实际上是由真实信息与噪声（误差信息）共同组成的。因此，在利用监测数据进行地质灾害预警计算分析之前，必须对监测数据进行故障诊断分析，以确保数据真实可靠。监测信息故障诊断，是利用计算机系统算法对数据进行合理解析，通过前后一段周期内的监测数据分析，判断监测数据是否存在异常。如果存在故障信息，则需要给出引起故障的原因、故障的大小及故障对最终评判结果的影响程度。具体的操作方法包括粗差检验、插值处理及平滑滤波等。

1. 粗差检验

传感器采集的数据由于受到仪器、环境因素作用会出现异常，这种情况通常是找不出原因的，称为粗差。粗差检验最简便的方式是通过专业人员进行详细查看，但是耗时耗力。数学鉴定方法有标准差鉴定法、端值鉴定法等。

2. 插值处理

观测数据应是标准的时间序列数据，是一条连续的、不间断的完整过程。但是由于停电、信号中断，或是误差剔除造成数据缺失时，为了满足曲线绘制条件，需要进行插值处理。常用的插值方法如三次样条插值法、拉格朗日插值法等。

3. 平滑滤波

正如前文的变形速率－时间曲线一样，数据往往会呈现出上下波动的情况，且有时候幅度会非常大，从而造成整体变化规律难以明确。在此条件下，就可以采用数据平滑方法得到效果较好的曲线，常用的方法有三点线性滑动平滑滤波法。

（二）监测数据动态服务流设计

这里基于上述地质灾害监测数据常规处理方法，利用动态数据驱动技术，构建服务于地质灾害预警计算的监测数据服务流体系。

地质灾害监测数据服务流体系以常规的地质灾害监测类型为依据，针对原始采集的时间序列数据进行标准化与规范化处理，数据预处理标准包括不同监测类型的数据尺度问题（时间、空间及方法）与常规的监测数据预处理方法（检验、插值及平滑）。通过上述已有的较为成熟的理论方法，对集成的时间序列化监测数据，在制定的规则条件下，进行数据重组与分配，进而构建具有明确含义的监测数据服务流。

在此基础上，进一步利用 Web Service 引擎技术，编程实现对应的数据服务流，建立地质灾害监测数据服务流体系，并通过后台服务程序实现不间断的实时处理与分析，满足地质灾害监测预警对各种监测信息的高效需求。

（三）监测数据服务流引擎搭建

根据构建的监测数据动态服务流组织规则及具体指标业务需求，通过程序代码的编写，并结合数据库技术运用，完成监测数据服务流引擎的搭建。可见，服务流引擎的搭建主要涉及关系数据库访问技术与结构化 SQL 查询语句的应用。

1. 数据库访问技术

本系统构建过程中，考虑到数据访问需求巨大且数据类型复杂等多种因素，因此在数据库访问技术中采用了目前比较流行且效率较高的 iBATIS 框架。iBATIS 是开源组织阿帕奇（Apache）推出的一种轻量级对象关系映射（ORM）框架，通过面向对象方式，利用 SQL 语句操作常规的关系数据库的表单。具体在实现过程中，因为所有的操作都是面向对象，因此可以直接将表的各列对象中的字段进行一一对应，简化了数据库访问流程。

2. SQL 语言

SQL 语言是目前使用最广泛的数据库操作语言，包括数据查询、操作、定义和控制。该语言通过一系列对应的数据表，建立相应索引关系，可实现数据快速调用。针对地质灾害复杂的实时监测数据处理分析，利用 SQL 语句可以动态地创建不同监测类型对应的数据表，并且可以根据用户需求指令进行动态创建数据视图，即快速实现目标数据的重组。

3. 动态绘图工具——Highcharts

利用构建的服务流引擎，可以实现监测数据根据用户需求进行数据库层的提取，但是要在网页上进行展示还需要一个数据可视化过程。过去使用的 ASP.NET 技术，通过整体请求服务器，再反馈响应，时间延迟较长，用户体验较差。而 Ajax 技术异步功能的实现，使得客户端可以进行高效的数据交互及快捷响应，极大地提升了用户操作效率。

基于 Ajax 的异步回调技术，可动态获取用户需要查看的监测数据，再利用 Highcharts 工具，可实现监测曲线的快速绘制。Highcharts 是当前 Web 应用程序开发中最优的一种图库，利用 JavaScript 语言编写，且兼容主要浏览器。Highcharts 图库几乎包括了目前统计分析所能表现的所有图表类型，如曲线图、柱状图、散点图以及多种曲线的组合图表。由于 Highcharts 不仅具有技术优势，而且针对个人及非商业用途完全免费，Highcharts 的应用范围越来越广。用户只需要熟悉其 API 接口，就可以创建任意图表，并可以结合到 jQuery、MooTools 等 Ajax 接口中，实现数据实时更新，从而获得动态的实时监测曲线效果，并且可以任意导出 PNG、JPG、PDF 等格式的文件或直接在网页上打印出来。

第四节　基于动态数据驱动技术的地质灾害监测预警系统设计与实现

一、地质灾害实时监测预警系统总体设计

本节根据四川省地质灾害减灾防灾需求，主要针对崩塌、滑坡及泥石流三类主要地质灾害类型，利用动态数据驱动技术，实现地质灾害实时监测预警系统设计。该系统将重点解决地质灾害专业监测预警模型单一、时效性差等问题，服务于政府及相关行业地质灾害预警预报和应急决策。

（一）系统总体设计

1. 系统业务流程

地质灾害综合信息管理与预警系统总体由五层架构组成，分别为底层数据库平台、数据组织与服务平台、通用模块组织层、专业业务层及表现层。其中数据组织与服务平台是整个系统建设的核心内容之一，以地质灾害监测数据服务流、预警模型服务流构建各种服务流组织，为上层专业的业务功能提供服务，所涉及的各种数据组织与服务技术主要采用了 JSON（XML）读写组件、数据库访问组件及服务发布组件等。

系统中涉及主要开发业务之一——地质灾害实时监测数据的处理与分析，即监测数据服务流的构建，该服务流主要包括现场的监测数据采集端、数据同步接口、数据重组与分配服务器端，以及数据处理与分析结果展示端。其业务的管理主要是根据系统管理人员对用户权限的设定来实现不同用户具备相应的系统业务

操作功能的。系统各个业务功能相对独立，各业务之间是通过一定的参数进行联系并实现各业务相应的功能的。用户管理是根据行政级别管理模式对地质灾害监测预警系统的操作用户进行有效的、合理的管理，不同级别的用户将具备相应的操作权限，并且可以通过超级用户对下级用户的权限进行再次分配等操作。数据管理是系统数据库的综合管理模块，它可以规范系统运行的数据，保证数据的完整性及合理性，实现系统各项功能对数据的要求。监测数据服务流是在实现监测数据的采集、传输及集成的基础上，结合专业功能模块对监测数据分析的需求，构建数据对应的数据服务流对象。

2. 系统总体架构

地质灾害监测预警系统总体采用多层次结构方式进行设计，其包括应用服务层、业务处理层、数据处理层及数据层。应用服务层以用户需求为导向，构建用户专业功能模块。业务处理层以应用服务为目标，调用数据处理层提供的数据进行初步处理，服务于用户专业模块。数据处理层重点解决数据调用与响应，起承上启下的关键作用。数据层即提供标准化的基础数据，如地质灾害基本属性、监测数据等。

系统总体网络架构采用 Browser/Server（B/S，浏览器 / 服务器）体系结构，同时结合 Client/Server（C/S，客户机 / 服务器）结构在服务器数据处理层上的优势，构建地质灾害综合服务系统。该系统主要包括两部分内容建设：基于分布式架构的网络体系组成，保障平台具有良好的开放性和易扩展性；数据集中存储，主要是针对地质灾害海量的实时监测数据采用分类集中管理，便于后续预警模型的数据调用。

（二）系统数据库设计

数据库是支撑系统功能的基础，数据库设计主要经历需求分析、概念设计及逻辑结构设计等阶段。由于地质灾害涉及数据种类繁多，类型复杂且监测数据并发调用时效性较高，因此应对地质灾害所涉数据进行分类优化管理。例如，地质灾害隐患点基本属性信息包括其名称、地理位置、灾害类型及威胁对象等，表之间通过唯一的主键（如隐患点编号、监测点编号）进行信息共享。地质灾害预警表包括预警模型与判据、预警等级、预警发布对象等，其中预警判据又分为不同类型的地质灾害所对应的单监测点预警判据与综合预警判据，信息发布对象包括管理部门、监测责任人及汛期值班人。

（三）基于动态数据驱动技术的地质灾害监测预警设计

当前，地质灾害减灾防灾信息化能力需求极高，突出的表现就是用户的个性化定制服务需求与当前地质灾害实时监测预警系统功能之间的矛盾日益加剧。针对这一尚未很好解决的突出问题，本节提出了利用服务流引擎技术来开展地质灾害动态监测预警研究。本节设计的地质灾害监测预警系统是基于 Web Service 服务流引擎技术，通过预先定制地质灾害监测预警涉及的各个方面内容，主要包括监测数据处理、预警模型匹配等，实现监测曲线动态组合，地质灾害预警模型库动态可选，实现用户选择定制功能，满足用户数据快速处理与高效利用的数据服务流需求。

1. 监测预警服务流交互协议设计

地质灾害监测预警服务流的每个计算节点代表了一个地质灾害监测点数据的计算模型，如监测数据的预处理、曲线的绘制等。根据服务流交互协议的相关规定，构建地质灾害监测预警数据、模型服务流。具体操作是以主流的 JSON 技术来实现的。用户发出调用服务流的命令，将以 JSON 字符串的形式（包括数据信息、起始节点信息及相关信息），通过后台服务流引擎重封装，处理并反馈信息。详细数据流程虚线之上是用户前台（客户端）处理流程，之下是地质灾害监测预警服务流引擎后台（服务器端）处理流程。

根据服务流引擎交互协议相关要求，定义地质灾害监测预警服务流交互协议：一个服务流由 N 个计算节点组成，则该服务流会被转化为 $N+2$ 个部分组成的协议字符串，各个部分用“；”符号分隔。该编号是一个唯一关键字，可通过后台数据库的逐渐递增功能实现；第三标识符至第 $N+2$ 标识符为服务流的描述信息，该字符串标识以“，”分隔。

2. 监测预警服务流交互接口设计

地质灾害监测预警系统主要包括两大部分，一是前端用户访问端，二是后台服务器处理端，且两者存在着一种数据互联互通的关系，即客户端与服务器端必要的信息交互，包括模块调用、参数传递、流程控制等。考虑到 REST 架构具有良好的实用性，地质灾害监测预警的服务流引擎主要是基于 REST 架构的 Web 服务。根据上述原则，构建地质灾害监测预警服务流交互接口。

RESTful 式接口设计的 Web 服务是基于通用的 HTTP 请求协议，Web 服务的请求响应由服务流引擎的业务处理逻辑来实现，响应结果由后台服务器完成，再以 JSON 字符串的形式返回。可见，Web 用户端的服务请求必须与建成的服务流相关，通过服务流管理与控制的 HTTP 方法实现 Web 服务请求，主要包括 GET 方法、POST 方法、PUT 方法及 DELETE 方法。[①]

地质灾害监测预警交互接口的设计可满足用户通过 Web 前端的可视化定制个性化服务流的需求，可以通过查看和监控服务流状态，对其进行合理补充与完善。

二、动态数据驱动的地质灾害监测预警系统建设关键技术

地质灾害监测预警系统建设中最关键的环节便是实时监测数据的处理。同时也考虑到，由于地质灾害监测仪器繁多，采集的数据类型各异（生成厂商各自的格式），甚至同一类监测仪器如果厂商不同，格式也不一致等问题。传统的地质灾害预警模型建立的主要问题表现为传感器采集的数据类型不统一，动态数据服务流无法自主调用分析，且结果展示曲线单一。

为了解决上述问题，本节利用前述得到的监测数据服务流设计原理与方法，构建服务于地质灾害动态预警的监测数据服务流体系。

（一）监测数据动态集成技术

监测数据动态集成技术参照了国际上大量现行元数据标准和相关研究成果，并对地质灾害监测数据类型及其特殊性进行了归纳总结。

监测数据动态集成技术以 Web Services 技术为基础，实现了标准接口、内部封装，便于维护与升级。考虑到微软系统支持数据通信应用程序框架（WCF），支持 HTTP、TCP 等多种数据传输协议，且能够保障传输层安全性，因此，系统可进一步利用 WCF 技术来实现地质灾害监测数据集成。

（二）监测曲线实时绘制技术

C/S 架构采用客户端安装专业软件的方式使用服务器资源，具有相对灵活的模块设计和界面设计。缺点是部署维护代价大，且后期系统更新难度大。在浏览器成为普遍使用工具后,B/S 架构出现,使基于网络服务的应用程序部署更加简单。但 B/S 架构同样存在着诸多缺点与不足，最为关键的便是对服务器依赖，当访问量增加后，服务器会不堪重负，甚至导致整个软硬件崩溃。

① 谈树成，金艳珠，虎雄岗，等.斜坡地质灾害气象预报预警空间数据库的设计与建立［J］.地球学报，2012，33（5）：812-818.

目前，主流的基于网络服务资源的曲线实时绘制技术包括 AJAX、Adobe Flex/Flash、Microsoft Silverlight 等，其中又以 AJAX、Adobe Flex 和 Microsoft Silverlight 为主流。

（三）网络应用程序异步回调技术

目前，网络应用程序开发使用较多的还是 Microsoft Silverlight 技术，该技术具有跨浏览器、跨平台的优势，且支持多种编程语言。

传统的 B/S 结构由于存在网络数据服务限制，很难实现动态曲线的实时绘制，往往是整个页面刷新，用户体验效果差。可见，传统 Web 应用程序由于采用同步交互方式，具体过程是通过用户请求，服务器响应，再执行任务。但是服务器在响应过程中，用户只有等待，常常出现网页空白，且用户无法操作其他功能。

三、动态数据驱动的地质灾害监测预警系统功能设计与实现

一般情况下，地质灾害实时监测预警系统功能模块设计主要包括数据管理、监测预警两大主题功能。数据管理涉及地质灾害基础信息管理、实时监测数据管理、数据高效处理与分析；监测预警主要针对具体的地质灾害隐患点，涉及监测曲线的动态绘制与分析，预警等级计算与评价。

（一）实时监测数据集成模块

实时监测数据集成模块以客户端程序方式，通过实时判断是否存在新数据的上传，将新增的监测数据以字符串的形式，通过网络服务的方式同步数据，实现监测数据的综合集成。

1. 程序结构说明

监测数据实时集成的关键是时间同步，由于监测数据反映的是某时刻状态下的变化情况，因此数据是不能存在延迟现象的。因此，本程序通过建立数据监听、封装及上传功能，实现新数据一旦采集，即同步进行数据封装与上传。另外，数据集成过程中的日志信息也非常重要，便于管理人员查看是否有数据遗漏等问题。

2. 模块流程逻辑

监测数据集成的关键是服务器配置信息，因为该信息涉及监测数据采集频率问题和数据字段——映射关系等，因此在用户配置过程中应重点关注。

系统通过建立数据映射关系，实现客户端与服务器端的数据同步。两端的数

据是否一致，主要是通过服务器端的监听程序来判断的。客户端通过配置本地地址、用户名称与密码，从而建立本地数据库与服务器端综合数据库的联系，实现数据同步功能，即可以进行数据的调用与交互操作。数据表单的一一映射关系，主要是通过选择数据表、主键字段名称、监测仪器编号和该监测类型各监测数据项的字段名来建立字段映射关系，并将监听任务创建、保存于客户端数据库中。监听任务是不间断的执行过程，一旦确认两端数据量存在差异，则自动构造 SQL 语句进行数据组织与查询，完成数据集成与同步，在此过程中，也相当于完成了数据交互操作的功能。

3. 模块功能的实现

实时监测数据集成模块利用 WCF 服务开发实现，主要接口包括两个：一是实时更新监测点数据；二是根据唯一编号获取监测点数据。

客户端操作界面较简单，输入项主要涉及用户关注的查询项、监测数据映射关系等。客户端监测数据映射关系配置主要包括两个部分的内容，即源数据库与监测数据库共有的信息项，监测数据库中的监测仪器信息，以及非常重要的实时监测数据内容。该模块功能主要实现了地质灾害隐患点下所部署的监测点及其监测数据项的映射关系配置功能。通过该对应关系，首先实现了监测数据库与源数据库的对接，建立了监测数据项映射关系，不仅实现了地质灾害实时监测数据的对接，更可以通过对获取的监测数据进行重新组合、计算与分析，得到具有一定含义的中间数据内容，如实时的降雨数据，原始数据是每 5 分钟记录一条降雨量的值，但是通过数据重组与计算，可以同步得到 10 分钟降雨量、30 分钟降雨量、小时降雨量，以及每一场次的累计降雨量。

在上述配置好数据对应关系的条件下，即可启动数据同步服务。该服务功能即实现了数据提取、重组及再入库的整个过程。用户不用关注数据源的数据情况，仅对数据映射关系进行管理，即可实现地质灾害实时监测数据的标准化集成。

（二）监测数据动态处理模块

监测数据动态处理模块的主要操作过程为：用户自建数据模型→系统智能生成模型→数据调用与处理。由此可见，利用动态数据服务流技术，用户可以根据自己的专业经验进行动态设计，组合可能相关的监测曲线，并且不用担心是否能够实现。因为，数据模型一旦搭建出来后，后续的模型生成及数据调用与处理过程都是系统自动实现，初步具备了智能化数据处理与分析能力。

1. 程序结构分析

监测数据动态处理模块包括用户自建数据模型与模型验证两部分，用户自建数据模型是基于模型设计器，且辅以专业数学工具来实现的；模型验证的内容主要是系统自动检验模型参数是否完整，数据流程是否合理，以及基于此数据模型的曲线展示方式，以验证模型的合理性与正确性。模块涉及的数据表包括基本信息表、监测点表、监测数据表和计算模型表。

2. 模块流程逻辑解析

监测数据动态处理模块主要以模型库、工具库为支撑，供用户调取使用，搭建用户自建数据模型。因此，大量的逻辑流程操作都是用户根据专业需求进行自主设计的，模型通过系统验证后，后续的数据处理都是系统自动完成的。

3. 模块功能的实现分析

监测数据动态处理模块利用 WCF 技术构建对应的服务与方法，主要通过地质灾害唯一编号进行模型的获取，然后保存用户构建的监测数据处理模型。通过模型验证与测试后，该动态数据处理模型即构建完成。

（三）模型调用与结果展示模块

模型调用与结果展示模块主要是在前述的监测数据动态处理模块的基础上，进一步调用监测曲线的绘制模型、对应的预警模型等，实现地质灾害实时监测曲线的展示、地质灾害动态预警结果的展示等。具体操作为：用户自主选择监测点→系统数据处理模型→系统自动处理并绘制图件。

1. 程序结构分析

模型调用与结果展示模块以曲线生成、曲线组合及曲线展示三大块功能为主。用户根据自建曲线类型的需求，通过选择一个监测点或多个监测点进行曲线组合，系统会根据用户勾选数量进行模型的构建、数据调用及动态绘图。程序通过多图表视窗形式进行展示，可以详细地展示地质灾害基本信息及其动态监测曲线过程，便于用户进行综合分析与预警。模型调用与结果展示模块主要使用的数据源包括以下表单：基本信息表、监测点表、监测数据表、计算模型表、计算结果表及相关文档。

2. 模块流程逻辑解读

模型调用与结果展示模块数据处理的流程逻辑主要是在监测数据动态处理模

块的基础上，进一步调用相关模型或工具，以相关曲线与各种表单对监测数据及地质灾害隐患点的预警结果进行展示。

3. 模块功能达成分析

模型调用与结果展示模块通过 WCF 技术构建相关服务，主要方法包括根据编号获取地质灾害隐患点信息，根据隐患点编号及其对应关系获取其监测数据，此外还有根据编号获取相应计算模型。

模块输入输出项较简单，输入项主要包括用户的查询条件、关联的灾害隐患点及操作的监测点及其监测数据；输出项主要有灾害隐患点查询结果、监测信息、监测曲线绘制及预警模型计算结果等信息。

第八章 现代测绘技术背景下的国土资源信息管理系统概述

第一节 国土资源信息管理系统的功能分析

一、总体功能分析

城市的建设水平亟须提升到新的水平，如何提高土地资源和矿产资源的利用效率成为目前迫切需要解决的关键问题，国土资源管理部门需要有效结合信息技术、土地信息管理技术及资源信息管理技术，使用上述技术可以提高国土资源信息管理的效率。高新技术产业的快速进步已经一步步成为一个国家和地区发展的重要指标及方向，这种技术是沉淀的结果，也是追求先进的结果。土地资源管理已成为一个关键任务，土地资源管理对我国经济和社会长久发展都有着十分重要的作用。

一直以来，我国的土地资源管理问题是一项经营类的难题，我国的土地资源很多，这种资源可以为广大人民的生存、发展提供有力保障，同时自然资源的有效利用开发可以为我国经济发展做出卓越的贡献。充分合理利用和保护土地资源，可以保证可持续发展政策的落实，在全国范围内，发展国土资源管理是国家现代化的基本要求及必然趋势，由于土地资源管理包含了工作范围内的各项信息，因此确保国土资源与信息的有效性和准确性有着非常必要的现实意义，在工作过程中要保证信息的公正公开，同时要保证信息的准确性与透明性，在信息共享中也要保证各部门能够有效利用信息，同时对系统的维护工作应力求简捷，要建立完善合理的工作机制以及信息数据流程。

二、功能结构详细分析

（一）国土资源信息管理

我国的国土资源建设起步较晚，但经过一段时间的探索发展后，已经取得了显著的进步，并逐步摸索总结出了一套适合当地的国土资源管理方法。我国的信息技术研究的时间段较晚，基础信息资源相对贫乏，国家资源和土地资本丰富，但是现实程度上却缺乏一定管理，政府对管理认知水平有限，缺乏一定的投资改革的勇气以及魄力，再加上在这方面人才相对缺乏，对于土地资源信息化建设没有做到持之以恒的研究与积累，建设经验的不足导致信息技术基础设施的滞后背后，信息技术的总体水平低。

国土资源信息管理大体上可以划分为两个组成部分，每一个组成部分其实还可以划分出来更多的细节。

（二）土地资源审批

按照建设统一的土地资源与土地部门的要求，工作者共同利用一套数据源，有利于建立科学合理的数据框架，服务框架和运行环境。高效的业务流程科学化管理有助于整个系统有序化、自动化，将传统的工作方式正在一步一步逐渐实现改革，实现业务流程的整体透明度、自动化和高效率。使用国土资源管理系统将减少在不同的工作人员相应的数据处理，业务处理的工作量，从而提高整个部门的效率，用地申请包括多个模块，模块之间存在着并行工作关系。

（三）公文信息管理

公文信息管理是一种文档信息类的平台，使用者们往往需要录入新的信息，同时许多员工可以查阅新的信息。

我国在土地资源管理方面在近些年来的确取得了足够的进步与成绩，但相比土地资源信息管理的国际化管理水平，我国在国土信息管理发展方面还存在一定的差距，这些差距也需要后续研究学者一步一步提高，当前遇到的一系列问题主要包括：我国地理信息化建设起步较晚，地理信息的采集录入工作在发展中存在一定的问题，这些问题限制着我国地理资源管理建设的进一步发展；与此同时，我国在这方面的人才相对匮乏，对待国土资源管理的认识程度相对落后。

公文需要先书写初稿，然后经过领导部门的一层一层审批，审批通过了才能够形成最终的稿件。总体业务流程往往较为复杂，相应的数据源过多，数据源种类不同，过多的文档信息将会对业务人员操作者带来一定的困扰，因此如何保证各种文档信息处理的有效性、正确性和可维护性是关键的可研究性问题。

第二节　国土资源信息管理系统的设计

一、国土资源基础信息管理

土地资源管理对我国经济社会的持续发展起了不可替代的作用，伴随着经济发展的迫切需求，土地资源和矿产资源在使用过程中产生了日益严重的问题，此类问题主要包括非法使用、占用土地等核心问题。同时，我国城市建设水平已经发展到了新的阶段，这对土地资源管理提出了新的问题和挑战，特别是如何提升土地和矿产资源的运用效率已成为当前亟须加以化解的核心问题。国土资源管理部门结合信息技术、土地信息管理技术等可以极大提高我国国土资源信息管理的效率。

总之，我国不仅要充分利用和保护土地资源，以便让可持续发展政策得到切实落实，而且要将这一政策在全国范围内加以分层落实，这样才能将国土资源管理现代化的要求加以落地，并从信息流管理等方面将工作加以细分和管理。①

二、用地审批管理

首先，国土资源电子政务信息管理系统设计与建设需要经过实地调研捕捉实际需求，通过定制业务流程和系统适应业务流程，并使用统一建模语言对资源需求进行相应的分析与建模，保证系统能够满足用户需求并设计满足软件开发工程师的模型结构图，系统架构可适应技术的发展，同时系统易于升级扩展，保证软件产品具有长久的生命周期。

其次，总体业务流程往往较为复杂，不同的数据源有很多，这些都会给文档信息管理等带来巨大困扰，因此如何保证各种文档信息管控效率与可维护性已经成为关键问题。

最后，与国际化管理水平相比，我国在国土信息管理发展方面还存在一定的差距。这些差距还需要在后续的工作中加以不断提高。其主要存在的问题表现在以下几方面：我国在数据化信息地理建设方面仍处于较为落后的阶段，这在一定程度上限制了我国地理资源管理建设的深入发展；与此同时，我国在这方面的

---

① 徐晓东. 浅析"互联网+"时代国土资源信息化的建设 [J]. 现代经济信息，2019（21）：18-19.

人才相对匮乏，对待国土资源管理的认识程度相对落后，对待国土资源建设的理论研究相对匮乏。

三、公文信息管理

首先，用户登录界面之后，向信息系统发出操作请求，输入需要待查询公文的部分特征，操作界面捕捉需求之后将需求信息传输至公文管理类，公文管理类经过编码翻译向数据库模块执行数据查询语句，并将查询结果一层一层返回至前台界面；其次，用户需要审批公文时，用户将审批意见以及公文的审批状态通过系统各模块间相互传递至后台数据库表单，数据库表单经过修改之后，将修改记录返回至前台界面，告知用户修改成功，实现业务流程总体透明度、自动化和高效率的提升。

四、办公业务管理

首先，本书提出的城市土地资源的建设综合管理信息服务系统，是以各个功能模块所搭建的信息共享平台来实现的，并在此基础之上随时进行优化，这样才能持续提升相关部门的工作效率，同时让各孤立信息系统得到更为有效的利用，基于这一思路建构出了以应用需求为核心的土地资源信息服务系统，土地管理需要更加规范化的手段以及方法，土地信息数据的访问以及查询频率在近期内逐渐显示出上升的趋势。

五、数据库规范设计

数据库详细设计主要是对系统中所涉及实体的属性进行构思，为每一个属性设计合适的类型，为每一类实体构建一张数据库信息表，记录实体在系统运行过程中的数据信息变化，及时与数据库同步，维护系统正常运行。

地级信息审批表单包括字段编号、地理坐标、地理区域面积、直属管理部门、业务状态、项目信息以及起始时间等多个属性，该表单的主键（主关键字）为字段编号，字段编号具有唯一性，每一个字段能够唯一标识一条数据记录，具有唯一单独的特点。

第九章 现代测绘技术背景下的国土资源管理执法监察长效机制研究

第一节 国土资源执法监察相关理论基础

一、国土资源执法监察

（一）国土资源执法监察的内涵

在对国土资源执法监察的内涵进行阐述之前首先我们需要分别对执法和监察的概念有所认知，所谓执法是指政府行政管理部门为了实现其政府职能而对社会和市场行为进行规范和管理的过程，而监察从汉语的释义可理解为监督和检查。在明确了上述两个基础概念之后，我们便可以对国土资源执法监察的内涵进行界定。国土资源执法监察是我国行政监察体系的有机组成部分，它是以国家县级及县级以上国土资源管理部门行使国土资源管理权力、履行相应管理职责，以维护国土资源市场秩序和良性发展的监督和管理活动的综合。根据我国的行政区域和行政管理体制，国土资源执法监察部门一般设置在省、市、县三级的国土资源管理部门[①]。国土资源执法监察的主要职责包括对国土资源执法监察相关的法律法规制度的制定、执行以及对违反国土资源相关法律法规行为的管理和处罚等方面。国土资源执法监察的一般客体包括国土资源的管理者、使用者、开发者以及其对应客体的行为[②]，除了上述与土地直接相关的利益主体外，还包括各级具有审批权、管理权的各级地方政府和国土资源行政管理部门。国土资源执法监察的主要目标是通过执法监察行为和活动逐步推进国家行政部门相应职能的实施，保证国土资源管理相关的法律法规得到有效的推行和实施，从而不断推进国土资源管理

---

① 褚学胜，冯海燕.浅谈新形势下国土资源执法监察工作[J].山东国土资源，2011（2）：59-61.
② 单金海，黄卫锋.科技助力土地执法——江苏省大丰市加强国土资源执法监察信息化建设的调查[J].中国土地，2011（5）：35-37.

的规范化和法治化进程。在国土资源执法监察的过程中，对于土地违规使用、违规审批、违法开发等多方面的行为进行治理和处罚，其处罚方式主要可分为行政处罚和追究法律责任两个方面，对于情节轻微且并未对国家造成大的经济损失其社会负面影响较小的土地违规案件可采取罚款、强制拆除等行政处罚措施，而对于触犯国家相关法律的土地违法行为无论其是否导致不可挽回的损失或后果都必须按照法定程度移交司法机关处理。

（二）国土资源执法监察的特点

国土资源执法监察的特点主要体现在以下四个方面：

第一，国土资源执法监察的公共性。制定国土资源执法监察制度是为了国土资源的开发和利用的可持续性，是为了造福子孙后代，国土资源执法监察能够深刻地影响整个人类社会。同时，国土资源执法监察可以在综合协调整个社会的利益。因此，国土资源执法监察具有公共性。

第二，国土资源执法监察的复杂性。国土资源执法监察往往会受到一些客观现实因素的影响，例如信息资源不足、市场机制欠灵活、市场垄断等。国土资源执法监察在受到客观现实因素的影响下，难免会变得复杂，而且，人类的知识水平和认知水平虽然是不断扩展的，但是也是存在局限性的，国土资源执法监察制度的制定要受到人类自身的影响，也加剧了国土资源执法监察的复杂性。

第三，国土资源执法监察的动态性。国土资源执法监察的动态性主要体现在执法监察内容的动态性上，国土资源执法监察内容并不是一成不变的，需要根据国家政治、经济、社会文化以及地方发展的变化而实时地进行调整。这个体现最为明显的莫过于城镇化建设政策的实施，在我国没有出台推进新型城镇化建设相关发展战略之前，我国对城镇土地的审批和监察较为严格，所涉及的违规项目种类较多，而随着我国发展政策导向的变化，其中部分监察内容也随之进行了动态调整。①

第四，国土资源执法监察的专业性。国土资源执法监察工作需要掌握必要的管理学、地理学、统计学以及法学等多学科知识，只有如此才能保证在国土资源执法监察过程中保证执法监察的准确性和公平性。而国土资源执法监察的专业性特点也对国土资源执法监察队伍的综合素质提出了严峻的挑战，需要不断提高国土资源执法监察队伍的整体水平。从该层面来看，国土资源执法监察需要一定的专业知识，具有一定的专业性。

---

① 赵岱虹,吴洪涛,赵善仁,等.国土资源执法监察管理信息系统建设体会与展望[J].国土资源信息化,2010（6）：84-86.

（三）国土资源执法监察的利益相关者

利益关系是指围绕着物质利益的占有所发生的人与人之间的经济关系，其核心是物质利益。公共选择理论假设人是"经济人"，人的行为受其经济利益的驱使，个体能充分理解自身利益所在，并采取对策去谋取自身利益最大化。基于该理论，国土资源执法监察应该是各利益主体从自身的利益出发，并通过与其他主体的利益博弈而产生的。与国土资源执法监察相关的利益主体实质上就是国土资源执法监察的主体和客体，正因为每个主客体以及内部的各个层面都存在各自的利益，为了实现自己的利益，不可避免地会在国土资源执法监察过程中产生利益冲突。具体而言，国土资源执法监察相关的利益主体包括地方国土资源行政管理部门、企业和社会公众三个方面。[①]

利益相关者理论认为，企业的经营管理是综合平衡各个利益相关者的利益要求而进行的管理活动，企业的发展离不开各利益相关者的投入或参与，企业追求的是利益相关者的整体利益，而不仅仅是某些主体的利益。利益相关者理论虽然针对的是企业，但是我们仍然可以从中获得借鉴意义。在国土资源执法监察的过程中，地方国土资源行政管理部门也是要综合平衡各个利益相关者的利益要求，并且代表的是国家的利益和全社会的整体利益。虽说从长远的角度看，国土资源监察执法是全社会共同的、一致的目标，是企业和社会公众的社会责任。但是从中短期的角度看，企业和社会公众又有着自己特殊的利益。企业的目标是追求经济利益，在追求经济利益的过程中，如果自身的利益与国家和社会整体利益一致，那么地方国土资源行政管理部门和企业就是利益共同体，如果自身的利益与国家和社会整体利益不一致，甚至是矛盾的、冲突的，那么地方国土资源行政管理部门和企业就是利益矛盾体。

公众和企业一样，当自身的利益与国家和社会整体利益一致时，他们与地方国土资源行政管理部门就是利益共同体，当自身的利益与国家和社会整体利益相反时，那么他们和地方国土资源行政管理部门就是利益矛盾体。当国土资源执法监察活动符合某些国土资源执法监察主体利益的时候，这些主体就会大力支持；当这些国土资源执法监察活动可能会侵害到一些国土资源执法监察主体利益的时候，这些主体就会通过一些参与机制试图影响决策，如果无法影响决策，可能就会"消极怠工"或是"阳奉阴违"，当然，也有一些主体会为了国家和社会的整体利益而调整自己，积极应对并响应这些决策结果。

---

① 袁金球.3S技术在国土资源执法监察中的运用［J］.城市勘测，2012（2）：117-119.

二、国土资源执法监察的地位和功能

（一）国土资源执法监察的地位

国土资源执法监察是我国国土资源管理中不可或缺的环节和内容，国土资源执法监察不仅可以有效缓解土地资源的供需矛盾，还能够提高社会公众对国土资源管理部门的满意度，进而不断推进政府整体公信力的巩固和提升，国土资源执法监察的重要地位即源于此，具体可归结为两个方面：

第一，国土资源执法监察是保证国土资源管理目标实现的重要保证。国土资源执法监察是国土资源管理行政部门的主要职责和内容之一，国土资源执法监察效果好坏直接决定着该部门绩效考核的质量和水平，因此，任何国土资源管理部门必然将国土资源执法监察作为其工作的重中之重。同时，国土资源执法监察对于国土资源管理目标的实现也具有重要的意义。国土资源管理部门可在行政职责目标保护和开发相结合的基础上，不断提高国土资源的利用率，实现国土资源在全社会范围的优化配置，最终实现我国国土资源的可持续开发和利用。在实现上述目标的过程中需要经历决策、执行以及监督等多个环节，其中国土资源执法监察是监督环节的关键内容，因此，从该层面看，国土资源执法监察是保证国土资源管理目标实现的重要保证。

第二，国土资源执法监察有利于国土资源管理的规范化和法治化进程。在国土资源执法监察过程中除了行政手段依赖外，市场经济调节和司法规制也是必不可少的环节，同时也是保证国土资源执法监察质量的重要保障。但是由于各种主客观因素的影响，我国在国土资源执法监察过程中面对违法违规案件时并没有完全依照法律法规去执行，从而导致我国国土资源执法监察效力不断降低，国土资源管理的秩序混乱，进而对我国国家社会经济的发展造成了严重的制约和阻碍。因此，只有不断创新国土资源执法监察的方式，丰富国土资源执法监察的内容，同时强化国土资源执法监察的司法保障才能全方位立体式地提升我国国土资源执法监察的质量和效果，同时也能推进国土资源管理的规范化和法治化进程。

（二）国土资源执法监察的功能

国土资源执法监察的功能主要体现在三个方面。首先，防范功能。即使再先进的制度也必然滞后于社会的发展，因此国土资源管理法律法规可以作为国土资源执法监察的主要依据，但当遇到突发事件或偶然性事件时，国土资源管理需要依靠执法监察进行应急处理。国土资源执法监察的防范功能具体体现在两个层面：一方面，动态监察。国土资源执法监察的动态性特点体现在国土资源管理的全过程中，并且以国家强制力作为实施保障。另一方面，宣传教育。国土资源执法监察的过程同时也是普及国土资源管理基础知识和相关法律法规的过程，通过执法监察与宣传教育相结合的方式，可对社会公众尤其是潜在的执法检查对象起到宣传教育以及警示的作用。其次，补救功能。国土资源执法监察不仅针对已经存在违法违规事实的行政相对人，对于具有潜在风险的行政相对人也在其监察范围，一旦发现其偏离正常的轨道即可对其采取劝阻、制止、惩罚等多种措施，以及时终止其违法违规行为，从而将国家损失和对社会的影响降至最低水平。最后，反馈功能。国土资源执法监察的执法和监察实践是经验积累和总结的过程，应定期对国土资源执法监察活动进行经验总结，对国土资源管理相关法律体系不健全的部分提出建议性意见，以供国家立法机关在进行相关法律条修订时参考。

三、国土资源执法监察的基础理论

（一）新公共管理理论

第二次世界大战之后，一系列亟待解决的社会问题促使凯恩斯主义的政府干预理论得到普遍应用，试图依靠政府的作用来弥补市场的不足，然而，20世纪六七十年代，占据社会主流地位的公共部门管理却存在高税收、低效率、机构臃肿、缺乏活力的状态，市场经济滞胀，引起社会普遍不满，从英国开始，一些国家为挽救政府失灵，探索行政管理模式的改革，掀起了一场寻求再造政府的运动。主要代表人物包括布坎南、奥斯本和盖布勒等行政学家从经济理性假设和企业管理的成功经验中提炼总结出"新公共管理"理论的主导思想，以研究并寻求解决现行的公共行政中遇到的问题，使政府回归到"有限政府"的边界内去，因此"新公共管理"理论也被称为"企业化公共管理理论"或"市场化公共行政理论"。该理论主张采取以私补公的措施，引入第三部门或鼓励私人组织提供公共产品；在政府自身管理方面，主张效法私营企业引入竞争机制促进政府效率的提升。主要思想内容概括如下：强调政府掌舵职能，权力放开，提高行政效率；建立公民参与导向，以"企业家"理念转变"权威中心"的政府角色；采用私营部门管理手段和经验，摒弃僵化的科层制，注重绩效管理评价机制；放开公共产品供给市场，在竞争机制引导下提高市场效率。

（二）新公共服务理论

新公共服务理论是美国行政学家登哈特在对新公共管理理论批判性研究的基础上提出的政府新型管理理念和模式，其主要理论观点包括七个方面：第一，政府的职能是服务，而不是掌舵。当今社会是多种利益相互掺杂的社会，政府在协调多种利益冲突的过程中扮演调停者、中介者的身份。第二，公共利益是目标而非副产品。要求行政官员致力于建立一种对话机制，通过对话创造共同利益和共同责任，鼓励公民为共同目标一致行动。第三，在思想上要有战略性，在行动上要有民主性。公共政策和方案要通过集体协商来制定，行政官员在执行公共政策的同时要鼓励相关各方都积极参与争取使执行结果朝着制定初衷努力。第四，为公民服务，而不是为顾客服务。顾客是利益的直接当事人且与企业存在的是短期利益，而政府要服务的公民不只是直接当事人，更多的是间接受影响者，更不是短期利益关系。第五，责任并不简单。伴随着公共责任、民主公正的意识逐渐增强，行政官员不能将视线仅仅局限于效率、竞争等层面上，必须注重宪法法律、公共责任、政治规范、公民利益、职业标准等理念。第六，重视人，而不是重视生产率。公共组织的管理应该以对所有人的尊重为基础通过合作和分享领导权来运作，那么公民则会把他们的关注点提升到更高层次的价值上。第七，公民权和公共服务比企业家精神更重要。

政府是为人民服务的，政府所拥有的权力是人民让渡的，因此政府必须积极地、努力地为人民做贡献，促进公共利益的实现。

（三）政府职能理论

西方政府职能理论经历了漫长的发展和演变过程，从最初的古典经济学所提出的政府职能理论到凯恩斯政府干预的职能理论，再随着市场经济的发展而逐步产生的新自由主义的政府职能理论和新凯恩斯主义政府职能理论，西方的政府职能理论在市场主导和政府干预的秋千上来回游荡，直至今日，我国的政府职能如何界定和分配市场和政府在社会经济发展中的责任份额尚未完全厘清，但是毋庸置疑的是无论是政府干预还是市场主导，政府职能的内容并未发生本质性的改变。西方的政府职能理论产生于国家和社会分离之后并随着社会的发展而不断完善和健全。然而对于西方政府职能的研究不应仅仅局限于基础理论的研究，应该更多地将关注点由理论层面转移至现实层面，应更多地关注政府职能的基本内容以及各项内容之间的联系。事实上，西方的相关研究学者也意识到未来政府职能的发展应向现实层面转化，在社会、政府以及市场均无法避免自身缺陷和不足的情况下，以政府干预为主导的政府职能理论开始与以新自由主义为主导的政府职能理论相融合。而政府职能理论的研究重点也转变为寻求政府、市场与社会之间的最佳契合点和最佳平衡点。

西方职能理论对于我国政府职能的发挥尤其是乡村旅游管理职能的发挥有着重要的参考价值。由于我国目前正处于由传统计划经济向现代市场经济转变的过程中，政府的权力在不断分散和下放，甚至部分学者将"小政府、大社会"作为我国政府职能改革的方向和目标，但是从我国的实际情况来看，由于我国自身传统文化以及现实发展水平的制约，我国不可能完全遵循新自由主义的发展思路，因此我国建立"小政府、大社会"的现实基础不完备。至于我国如何在政府干预和社会自主性之间寻求到最佳结合点，只有期待随着我国政治和经济体制改革的不断深入而逐步实现。

第二节　国土资源执法监察管理分析

一、W区国土资源执法监察管理情况

（一）W区国土资源执法监察机构设置及人员配置

W区国土资源执法监察工作主要由W区国土资源分局负责。2008年，W区国土资源分局成立执法监察大队。

2019年，根据党的十九届三中全会审议通过的《中共中央关于深化党和国家机构改革的决定》和《深化党和国家机构改革方案》，W区国土资源分局与规划分局合并办公，改革后成立W区规划和自然资源分局。W区规划和自然资源分局负责宣传贯彻国家、市有关国土资源管理的法律、法规、政策工作；负责对W区执行有关国土资源法律、规章、办法等情况进行执法监督检查工作；负责对违反有关国土资源法律法规的案件、违反国土利用总体规划的违法行为进行调查处理工作；负责受理对国土违法行为的检举、控告，对正在进行的国土违法行为予以制止工作；负责国土资源违法案件的法律文书送达、强制执行移送工作；负责对W区农用地转用、土地征收、有偿使用和资产处置、土地使用权和地热水矿权权属变更等行为进行监督检查工作；受市级自然资源部门委托负责对W区国土荒地复垦、综合开发等进行监督检查工作；负责监督检查 W 区全区范围内国土资源管理、整治、保护和不动产权属变更情况工作；负责辖区内国土和矿产资源违法行为的调查处理工作。

W 区规划和自然资源局负责指导全区国土资源执法监察工作，各镇政府落实治理本镇域内国土资源执法监察主体责任。全区范围内，各镇下属综合执法队主要负责国土资源巡查、清理整治等。

（二）W 区国土资源部门执法监察的依据

W 区国土资源部门执法监察的依据有三个方面：第一个方面是以 2020 年 1 月 1 日施行的新修订的《中华人民共和国土地管理法》为主导，在全国范围内实施的与国土管理相关的法律法规及实施细则；第二个方面是以现行的《中华人民共和国行政处罚法》为主导，与行政执法、处罚相关的法律法规；第三个方面是 W 区上级自然资源主管行政机关下发的各领域内国土资源相关实施细则及规定。在 W 区国土资源部门行政执法过程中，应紧紧抓住两大基本法律依据的特征，充分落实党的第十八届中央委员会第四次全体会议中强调的将依法执政确定为党治国理政的基本方式，积极建设国土资源长效治理法治内涵，为 W 区国土资源执法监察行为及长效机制提供现实理论和法律法规依据。

（三）W 区国土资源部门执法监察的方法与手段

W 区规划和自然资源局积极落实执法巡查制度。一是明确巡查职责，加大巡查频率。对各外业组负责区域巡查每周不少于 2 次，各镇综合执法大队土地巡查组配合上报巡查情况，其中重点区域所每周巡查不少于 1 次。二是确定巡查重点，划分巡查区域。将各设施农业园区（零散农业大棚）、永久基本农田保护区、生态红线、城市一级管控区、主要河道两侧、古海岸湿地自然保护区及各自然村内小企业作为巡查重点，实现执法巡查"一丝不苟、不重不漏"。三是问题及时处理。对现场巡查发现的违法行为，及时下发停工通知书，责令停工；对当事人拒不改正建设行为的，下发责令改正违法行为通知书，同时抄送所在地党委政府，督促政府整改；对于发现十日内仍不改正的，依法立案查处；对于发现建设行为严重、破坏耕地数量巨大等重大国土资源违法案件，及时向 W 区人民政府报告，同时抄送公安机关。①

---

① 吴曼曼．试析如何建立有效的土地监察体制［J］．前沿，2004（8）：74-77.

二、W区国土资源主要违法类型剖析

（一）村民个人宅基地附近违法实施建设

一方面，农村地区的新人口正在迅速增长，通常使农民对房屋的需求增加；另一方面，这种需求无法通过常规渠道和许多非法土地用途来满足。

宅基地与农民的生产和生活息息相关，农村宅基地的农业政策敏感，使得出于各种行政原因难以执行行政处罚。大多数农舍不符合总体土地使用计划和城乡建设计划，因此很难执行法律。但是，对在农村抢夺房屋和修建非法建筑物的违法行为，要依法严格查处。个别土地侵权行为也是土地执法监督的难点。一方面，个别土地违法行为的数量众多且分散，使得土地执法监督工作难以处理；另一方面，很难处理个别的土地侵权行为。2016 年 6 月，某村民王某，因夏季雨水多，为了防止自家院子积水，私自将村内原有水沟垫平，占用 B 镇 Z 村集体土地建设硬化地面，占地面积 350 m²，未办理征转及供地手续，已构成非法占地事实。W 区国土执法监察部门责令其退还非法占用的土地，拆除新建的建筑物和其他设施。2017 年 3 月，王某自行拆除新建的硬化地面。

（二）设施农业项目大棚房类违法用地行为

随着我国第一产业蓬勃发展，农业现代化加快，为了切实解决"三农"工作中存在问题，以往"靠天靠地"的原始种植模式已经无法满足新时代农业进步的需求，而创新农村产业结构、改变种植模式已经成为各涉农市县发展新农业必选的方式。近年来，W 区设施农业项目在全区铺开，建设速度不断加快，除了农业大棚建设之外，配套设施用地、附属设施用地数量也在不断提高，相应占用的农用地面积持续增加。但是，在 2014 年前从国家国土、农业两部委到地方设施农业规定细则，都没有明确定义在设施农业项目建设占用农田进行农业生产、工厂化种植或农业育种是非法的，这种"步调不一致"导致对更多耕地的占用增加。很多村集体农民更加无法理解，"为农业服务的设施为什么是违法？设施农业类违法的界线与红线究竟在哪里？"甚至有关企业个人冒险在农业大棚内修建非农设施，逃避国土资源部门监督检查，为社会的稳定安全留下了隐患。

2018 年，应国家要求，W 区以坚决的态度，采取认真细致的措施，清理和整治"大棚房"，对农业设施进行了专门调查和整治。共发生了四起侵权事件，占地约 273 亩，包括四个镇和 17 个农业项目，所有这些项目内违法行为均已整改完毕。发现的非法活动的主要类型如下：

1. 占用各种设施农业园区的耕地或在耕地上非法实施建设

第一，住宅类，如私人商业用房；第二，经营非农业设施，如餐饮、休闲、娱乐、会议、培训、物流和仓储、商业养老院、人造风景等。

2. 非法占用设施农业大棚内的耕地、建设房屋等

第一，在农业大棚内建设住房、饮食、娱乐、会议、培训、仓储等设施；第二，在农业温室中建设科学技术示范展厅、产品研发和一般科学教育产品展示设施；第三，在农业温室内建设大面积水泥硬化地面或铺设瓷砖等，不包括农场机耕道路。

3. 违规使用农业设施

该农用温室育苗室、看护房的建设规模远远超出了规范，甚至违反了设施农业开发的法律法规，改变了农业使用的性质。第一，建筑面积为 22.5 m^2（单层）以上的育苗室（包括共享一个农业温室的配套看护房的数量）或一个或多个农业温室；第二，育苗室、配套看护房改变其性质，违反法律法规改建为餐饮等经营活动场所。

（三）重点项目违法违规问题比较严重

用于各种关键任务的土地不是通过标准化分配的。W 区是典型的新兴工业开发区，在工业化和城市化过程中，工业占该城市 GDP 贡献的大部分。每年年初，地方政府都会陆续启动各种重要的工程项目，并迅速推动这些项目的建设。由于土地手续的处理时间长，公司经常采用"报告和使用"方法，并且在应对各种情况时违反了施工规定。政府部门负责土地执法监督，同时加强了土地使用法律。同时，由于 W 区的地理位置和经济发展水平，很难吸引投资，为了完成吸引投资的任务，市政当局只能将优先土地政策作为吸引项目各方的优先条件。决定投资项目后，必须立即开始施工。土地审批程序通常已经完成或尚未完成，土地管理部门面临着帮助当地建设和严格执行土地法律，提供服务和执法的困境，区级国土资源部门承受着双重压力。一些大型项目的实施单位往往依赖于国家和地方的大型项目，缺乏依法使用土地的概念和意识。一些项目准备不足，无法在整个项目设计和科学研究过程中尽早启动。

（四）历史遗留违法用地数量大

历史遗留的违法用地数量很大，非法土地治理的范围很广。从 20 世纪末到

21世纪初，快速的城市化建设已经步入正轨，对新增建设用地的需求很大。在"十一五"到"十二五"经济快速发展时期，由于土地征收补偿效应而导致的不合理建设问题迅速增加，大多数历史遗留违法用地都是产生于这个时期。此外，执法部门及政府"一再禁止却不加以疏通"，使实施建设的个人或企业对执法机构进行调查和回应有强烈抵触，这使得国土资源部门调查更加困难和难以施行。这些问题严重破坏了W区城市化发展过程中合理利用土地空间格局的发展思路，大量耕地、永久性基本农田在建设过程中被破坏，破坏了生态环境。

三、W区国土资源执法监察取得的成效

W区国土资源执法监察始终走在全市国土资源违法治理的前列，区政府及区规划和自然资源局一直将提高W区国土资源的执法监督水平作为重点课题。党的十八大召开以来，W区持续完善与土地和资源管理有关的法律法规的政策落实。区规划和自然资源局与区人民法院密切配合，促使国土资源行政处罚的工作程序规范化；与区公安局、区人民检察院对涉及国土资源非法活动的立案调查和提起公诉，并为"行刑衔接"创造新的配合模式。多次组织国土资源执法监督人员强化培训，进行相关知识考试，不断提高国土资源执法监督的理论和法律水平，并且，积极做好法律宣传。区政府联合区规划和自然资源局，多次举行"村镇土地法律讲堂"，国土资源部门执法人员下基层讲授相关法律知识。同时，为有效避免社会矛盾的发生，保护执法人员的安全，W区规划和自然资源局建立了完善的执法全程记录制度，为国土执法队员配备了国土监察一体化平板电脑以及便携式数字化打印机，在面对当事人拒不配合等情况时，可以依法调查取证，保证调查过程公开公正。根据W区规划和自然资源局2009—2019年的国土资源立案统计数据，全区总体立案查处案件数量呈下降趋势，其中，2019年W区规划和自然资源局国土资源行政违法案件共计立案65件，其中涉嫌触犯刑法涉及移送公安机关的案件数量为2件，全区违法用地面积的比例与上一年度相比虽略有上升，但多为信访举报历史遗留土地问题，新增违法用地数量已明显下降。

第三节　国土资源部门执法监察长效机制构建

一、完善纵向垂直管理机制模式

（一）督促落实各级政府治理主体责任

必须采取坚定的政治立场。从实施"两个维护"的高度出发，增强区镇两级党委政府土地管理的主体责任感。区委区政府和区监督委员会定期加强对国土管理领域非法土地利用管理的专项检查。发现任何问题，责任问题的人都将进行跟进。对新发生的非法使用土地行为"零容忍"。解决"四个实施"的主体责任问题：谁实施"尽早发现"，谁实施"尽早惩罚"，谁实施"尽早阻止"，谁实施"尽早拆除"。突出"尽早"一词，逐一阐明责任主体并建立一个大的土地监管监督社会合作规模机制，建立覆盖全区各镇的土地检查机制，对重点隐患区域进行检查，并定期检查分散的风险点，实现全面检查。充分利用高科技信息技术协助执法检查，确保快速、铁定执法。严格执行新增违法土地"零报告"，不能等出现了才去整改，对于曾发生的非法土地使用行为，需"除恶务尽"，从源头将违法行为连根拔起。

要持续加强 W 区各部门有效配合，完善区域内共同职责使命的统一。各镇党委和政府共同承担责任，坚持依法管理和利用国土资源，共享共治。W 区国土资源部门要认真履行国土资源执法监督责任，有效督促各镇政府落实治理责任，形成执法监督的共同责任垂直管理模式，并且细致地将任务台账分为不同的类别，未治理完成的分成小型作坊、大型工厂、"大棚房"和历史遗留的非法土地使用项目下发各镇，公益民生类项目拆除和搬迁可以重新根据实际考虑整改措施，以此促进 W 区建设用地开发利用、农用地保护的基础性转变，促进 W 区全区域经济与社会、土地可持续利用健康发展。其具体对策如下：

第一，进一步完善 W 区市场经济体制，创新土地出让程序，认真落实简政放权政策，切实实现权力下放。目标是，本区域政府的职能应尽快改变，政府的公信力应有所增强，强调政府就是土地管理者，避免权力滥用。

第二，改革 W 区绩效考核体系，树立正确的土地财政绩效观，树立真正做到"为中国人民谋幸福"的新型领导方式。有必要放弃仅以国民生产总值、财政收入增减、经济增长率为主要衡量标准的粗放的评估体系，而要考虑土地资源的可持续发展、耕地保护的有效性、土地利用的有效性等因素。各地应根据当地情况事先也要召开专家评议会选择评估项目，方案的合理性必须由评估委员会共同审查和批准。

第三，为了切实执行国土资源管理工作，充分发挥国土资源主管部门的监管作用，在本区必须真正实现完全的国土资源执法纵向管理。积极施行"简政放权"，使基层的综合执法队、国土管理所真正发挥冲锋号作用。国土资源管理理论要求行政部门，必须理顺人力资源，财政事务和后勤事务之间的从属关系，分门别类，紧抓落实。

（二）建立执法监察社会大联动机制

W区国土资源部门应尝试让高素质法律职业人与广大公民参与到全区国土资源执法监督过程中来。社会联动机制的设立，可以有效查明国土资源开发使用中容易忽视的问题，节约公共资源，提高执法监督效率，并限制违反法律法规的行为，将保护耕地和集约利用土地等思想转变为有意识的行动。此外，及时建立W区公益性执法监督组织，招募相关专业人士，给予一定报酬，利用他们各自擅长的专业知识，协助行政执法监督顺利开展。例如，测绘勘察组织，审计和评估机构以及其他野外作业兼有较强法律意识的职业工作人员。鉴于组织众多且管理不便，基于各种组织的优势，还可以选择各个领域的主管部门来建立具有独立组织系统的公共利益组织，即"国土卫士论坛"。利用当前的手机 App 或网络传媒，创新应用手段，如 W 区国土执法群众监督贴吧、W 区国土执法群众监督微博话题等，并邀请有疑问的公民在线发布消息。通过"国土卫士论坛"成员之间的讨论，一旦确认反映的问题违反了法律和法规，测绘勘察组织现场勘测定位，并通过群众监督大论坛将立即将现场照片、卫星图、位置图等情况报告给区规划和自然资源局，并要求其在调查充分后，立即答复最终处理结果。"国土卫士论坛"还可以与 W 区公安局、法院、报社、新闻中心和其他权威监督系统保持动态联系。一旦遇到疑似触及刑事犯罪的涉土地类违法行为，国土资源部门及时将涉案线索移交司法机关。如有必要，公安机关可以介入调查。为应对具有较强烈社会反映的重大案件，请利用媒体的宣传权进行后续报道，揭露法律程序，防止"私下交易、暗箱操作"等行动，增加案件处理的透明度，维护法律权威并提供服务以教育人民和指导公民自觉遵守法律为目的。同时，随着建立土地制度的信誉档案，W 区融媒体中心、官方公众号、微博等新媒体将定期公开宣传各级政府的治理和土地使用情况，引导公众正面舆论导向，并引起社会各界的关注。这也从侧面规范了政府对土地的批准和使用，因此在吸引投资、改善营商环境的过程中，将有效提升政府形象，更好地为 W 区投资创造条件。

同时，W 区国土资源部门及时加强对国土资源法律法规的宣传，宣传保护国土资源是公民的义务和责任，使国土资源的执法过程高效透明，推行阳光执法，增加群众的信任度与好感度。

（三）完善区域内涉土地类举报处理机制

结合 W 区国土资源的实际情况，充分征求各单位意见后，区规划自然资源局牵头起草《W 区国土资源违法举报信访制度处理办法》（以下简称《处理办法》）。信访举报之所以被很多执法人员视为工作中的"特色难题"，就是因为不知道如何按照一定规则处理，如何更好地为信访人服务，有时出力不出工，甚至反驳信访人，引起信访人不满。在《处理办法》正式施行后，涉及国土资源类电话举报、市民热线、现场来人来访、网络监督平台等举报，将被分门别类由规划自然分局专门部门负责，将群众各种渠道举报的相关线索进行梳理，进一步增强执法和信访一体化的有效性。组织各镇政府专题培训国土资源信访问题，认真研究涉及破坏耕地类、转让土地类、违法占地类、非法开采地热水类、不动产登记类等信访问题，积极学习公安系统"枫桥经验"，能够在本级部门处理的不移交到上级部门。

具体来说，一是要坚持履行共同执法责任，在镇党委政府责任部门协调和社会参与的模式下，建立 W 区国土资源执法信访联动机制。二是坚持前端问题解决，从国土资源管理的源头着手解决各类信访举报程序违规问题，积极履行信访职责，防止失职渎职风险。

二、强化横向共同责任机制模式

（一）促进与公检法部门间的协助合作

《中华人民共和国刑事诉讼法》规定：人民法院、人民检察院和公安机关进行刑事诉讼，应当分工负责，互相配合，互相制约，以保证准确有效地执行法律。公检法部门之间默契配合，有效提升查处违法犯罪的工作成效，对促进国家机关及其工作人员依法行政具有非常重要的意义。关于公检法机关的分工，法律也做了明确规定：公安机关的主要任务是办理刑事案件过程中的侦查拘留逮捕预审等工作；人民检察院的主要任务是受理的案件的侦查，提起公诉，检查，批准逮捕等工作；人民法院的主要任务是案件的审判。

作为行政执法部门，W区规划与自然资源分局在执法过程中不可避免地会遇到阻碍执法或取证困难等情况，必须迅速促进与公诉法部门的协助与合作。因此，W区公检法部门需要"三项制度"：区公安局负责对涉嫌犯罪的国土违法行为（如违反《中华人民共和国刑法》第三百四十二条）的当事人进行调查和起诉；区人民检察院负责对涉嫌违法行政职能的"行政公益性诉讼"类案件及涉土地案件进行检查和提起公诉；区人民法院负责对区规划和自然资源局申请强制执行的土地违法案件进行裁定，并负责审判和执行人民检察院移送的涉嫌犯罪的国土资源违法案件，同时人民法院要为区域内的国土资源行政执法工作提供法律支持。其具体措施如下：

1. W区国土资源部门加强了与人民检察院的合作

一是建立工作联动机制和联席会议制度。明确检察院与国土资源部门之间联络与协调的组织人员和联络会议的时间、范围、程序等方面。二是建立案件信息共享机制和线索传递系统。详细介绍了检察机关与国土资源部门共享信息的类型和程序，并建立了联合调查处理机制。三是建立公益诉讼案件双向咨询机制和协助制度。规范处理公益诉讼案件的专业咨询协助制度，明确职责和程序。四是建立案件支持起诉制度。检察机关在提起民事诉讼之前，必须依法提起民事诉讼或者支持法律规定的机构或者有关组织。国土资源部门认为检察机关需要配合以支持检察机关的，可以将案件材料移交给检察机关。五是建立诉讼前督促制度。在提起针对政府职能部门的"行政公益性诉讼"之前，提供诉讼前程序和撤诉，并开发了一种定期通知检察机关建议的系统。六是建立案件判决结果反馈机制和宣传制度。要求反馈已经判决的公益诉讼的判决结果，并联合宣传典型案件和事迹。

2. W区国土资源部门加强了与公安局的合作

成立W区国土公安区议会，并在协调小组下设立一个W区国土违法案件公安沟通办公室，由于公安机关立案后调查时间受限，区规划和自然资源局应将有关线索，提前通过公安沟通办公室抄送区公安局，使公安机关可以提前介入。同时，将全区永久性基本农田、林地、耕地等土地资源范围信息与公安部门共享，划定潜在土地类犯罪区域，更好地使W区国土资源类犯罪提早得到控制。区规划和自然资源局可以通过设置土地执法联络微信群，邀请区公安局通过当地派出所和规划和自然资源局进行联合检查，直接参与违法土地的调查取证工作，通过视频会议交流查处经验并共同处理案件。在处理行政案件中，区国土资源局可以邀请区公安局在案件侦查和处理中配合执法，对阻挠、围攻、殴打执法人员的违法行为，由区公安局依法及时处理。[①]

3. W 区国土资源部门加强了与人民法院的合作

为了确保解决国土案件执行难问题，应建立执行案件信息管理系统，将实际执行操作水平作为核心作战能力，并从征信平台多做文章。在现有国家执行案件信息管理系统的基础上，要进行全面的调查和控制。加强与土地部门的沟通与合作，实现区域房地产登记信息管理系统与两级法院案件信息管理系统的"点对点"对接，从而加快和增加"基本解决执法困难"的效率。W 区规划和自然资源局将认真贯彻"国土案件要坚持追根溯源"的精神，根据 W 区的实际情况，因地制宜，采取法院向分局机关、各派出机构、不动产登记中心在线发送调查起诉工作模式，以减少流通量，提高工作效率。同时，继续加强与市高院的沟通协调，建立规范化的联络机制，全力配合法院落实强制执行困难的基本解决方案。区人民法院应当在行政执法制度的全面横向配合下，进一步加强技术保障，确保联动手段的实施信息化、内部管理规范化，使大数据技术下的网络在线调查和征信平台可以充分发挥便捷高效的查询与制止功能，从而有效节省全区人力物力，大大提高强制执行实施效率。

（二）建立各委办局数据共享及定期会商机制

在 W 区各委办局党政主管部门建设数据共享及定期会商机制的建设过程中，首先开办了国土资源执法政治责任联合学习培训班，主要培训内容包括两大方面：一是根据党中央"不忘初心、牢记使命"主题教育指示精神，开展"农地农用、守土尽责"主题教育，从国土执法政治责任、大局意识等方面给各委办局相关负责人进行培训；二是结合"十四五"规划纲要，运用新技术新媒体讲授国土资源执法监察知识、执法技巧、案件信息共享等专业技术知识。最终通过培训班使各委办局从政治意识、理论知识两方面强化协同执法体系。

W 区国土资源执法的信息应和城市管理委员会（综合执法局），农业农村委员会、生态环境、交通运输、应急管理机构，公路部门，水利部门和其他部门共享有关信息，实现 W 区土地执法信息"一张图纸、一份规范"。

---

① 刘哲.唐山市国土资源执法监察长效机制研究［D］.秦皇岛：燕山大学，2017：36-38.

三、W 区国土资源部门执法监察长效机制构建的保障措施

（一）加强 W 区基层国土资源部门执法监察队伍建设

党中央和国务院都高度重视合理利用和保护国土资源。国务院曾给各省下达明确指令"加强执法监督，提高执法效率"，"基层单位要创新工作思路，早发现、早制止、早治理"。可见，加强 W 区基层国土资源部门执法监察队伍建设势在必行。

首先需要改善团队。W 区规划和自然资源局执法人员数量非常有限，并且学历参差不齐，严重缺少法律专业人员。面对当前严峻的基层国土资源执法监督形势，仅仅依靠现有执法人员是远远不够的。必须适当增加财政投入，建立综合行政执法支队，可以通过公务员考试等方式从社会上公开选拔一些年轻干部扩充队伍，也可以在引进系统内人才方面，针对性地偏向法律方向、城市规划、国土资源管理方向的专业或工作经验的工作人员。这样可以有效提高基层土地资源执法水平，加强队伍建设的实力。这是当前对基层土地资源执法的需求，也是解决就业问题的一种方式。

其次要加强对现有人员素质的培训。W 区规划和自然资源局应定期开展学习国土资源管理法律法规和先进专业信息技术的学习班，以提高执法监督队员的专业素质，并且适当开展考试考核。具体手段如下：第一，以各组小队为单位，成立"互帮互助学习小组"，紧密围绕本区域执法特点，开展专项学习，互相督促、共同提高；第二，以行政执法支队为单位，每季度组织一次执法技能大比拼，统一出题，以笔试、面试形式考核执法队员，促进执法手段更新；第三，每年度进行执法水平评比，评比结果上墙，优秀队员将获得奖励，通过绩效管理提高员工积极性。当然，仅仅依靠业务技术培训是不够的，必须加强行政执法支队党风廉政建设，支队内党员干部要做出表率，向每一位队员传达分局廉政培训学习成果，让一线执法人员在面对外界诱惑、"糖衣炮弹"时，守住执法初心、守住执法本心、正确履行执法责任。

再次要加强执法设备建设，重视技术手段的创新。现阶段 W 区规划和自然资源局为所有小组的执法团队的执法车辆配置 GPS、便携式执法记录仪、便携式打印机、数码相机，但是在新技术普及的今天，这些手段仍然略显不足。建议利用大数据技术，为一线执法人员配备专业"一张图"手机 App，发现疑似违法行为时，可以现场查询各年度卫星影像、用地手续、土地性质等信息，同时上传至终端，第一时间向负责人汇报，以确保他们在第一时间对自己管辖范围内的非法

土地使用做出反应。但是，要控制手机 App 使用权限，在查询涉密信息或用地手续时，必须上报主管领导，方可查询细致信息，以防新技术成为滥用权力的帮手。

最后应加强执法队伍建设，还必须建立奖惩制度，加强国土资源执法个人责任制。当前大多数奖励和处罚制度仍处在理论阶段，违反土地管理规定的纪律处分暂行办法、违反国土资源管理规定的行政纪律处分暂行办法等处罚条文构成的处罚模式虽然较为完整，但是基本上没有激励措施，同时处罚具体措施也显得"不疼不痒"，这对执法人员的积极性极为不利，尤其是那些被命令现场纠正违法行为的人员，他们自己与违法者面对面，并有一定的人身危险。在工作中，只有惩罚没有奖励，是难以培养员工长效积极性的。因此，有必要增加对在国家执法中表现出色的人员的奖励，对他们给予物质和精神上的奖励，并应优先重视对其职务晋升的考量。

（二）建立 W 区国土资源部门执法监察目标评估及行政问责制度

当前，如何实现 W 区国土资源的可持续利用，如何扭转目前 W 区国土资源部门执法监察工作中存在的问题，保证新增建设用地高效利用，维护区域内企业营商环境，保护全区 22 万亩耕地、5100 公顷永久基本农田红线，实现"三农"建设的目标，是一个非常重要的问题。因此，建立 W 区国土资源部门执法监察目标评估及行政问责制度是十分紧迫的一项任务，通过细化土地开发利用过程中各项涉及执法监察的指标，前端设计全区域执法目标，并召开区级业务讨论会议，区政府组织各委办局、乡镇政府负责人研究治理责任目标，并讨论落实区域行政问责制度，将目标具体化考核问责明确化。最终拿出切实可行的方案，上报区级行政监察部门审核后下发各部门。

具体如下：一是对行政执法人员实施行政问责制。首先，在每一年度，各镇政府依据区监察委下发的土地执法目标，对下属单位执法人员进行评分，不达标者依据规定进行处罚，同时表现优异者通报表扬；其次，在各年度，区规划和自然资源局严格履行执法责任，土地和资源违法案件巡查发现率、立案调查率要达标，对在执法过程中存在失职渎职的执法人员，应立即启动局内问责"四种形态"，同时对执法人员依据市级部门规章及区监察委下发的土地执法目标，对行政执法支队执法人员进行评分，不达标者依据规定进行处罚，直接影响其绩效考核，同时表现优异者通报表扬。二是对行政部门实施行政问责制。首先，在每年度，考核区规划自然资源局信访举报答复结案率是否达标、涉嫌犯罪案件是否全部移送司法机关，考核各乡镇政府耕地保护责任是否落实到位（基本农田是否被破坏），考核各涉及土地案件的移送率等，对相关负责人由区纪委监察委做出评价考核，最终影响绩效考核。其次，在各个季度，区规划和自然资源局协调区纪委监察委要采取抽样调查方式，抽取某个镇进行突击检查，发现问题及时上报，对乡镇负责人限定时间整改问题，到期不整改到位的，依法启动问责程序，呈现行政问责高压态势，提高部门政治责任意识。

（三）加强 W 区法制宣传教育、强化专事专办模式

中国的法制宣传和教育是建设社会主义法制社会的根本手段，而专事专办也是建设社会主义现代化"五位一体"的重要手段。只有人人懂法、人人守法，才能过渡到正确利用法律保护公众利益，更有利于解决当前国土资源管理工作中存在的重难点和焦点问题，遏制任意妄为的土地建设不良风气，确保关于国土资源管理方面各项法律、法规得以有效实施，有益于找准保护国土资源与保障 W 区社会经济发展的共赢点。

目前，政府及行政部门一再禁止群众违反国土资源法律法规的主要原因是，群众对国土资源管理制度及相关法律法规的重要性了解不多。因此，如何通过有效的社会宣传和教育来改善和提高公众对土地的利用是当务之急。主要方法包括三个方面：第一，传统媒体。传统媒体主要基于电视和广播媒体。W 区国土资源管理部门可以通过 W 区电视台和 FM 调频以及市级主流云媒体来宣传土地资源管理和相关处罚的重要性，进行重复性宣传，以提高公众的法律责任感。第二，定期开展"绿色、发展、可持续保护我们的热土"宣传日活动。以 W 区城镇或乡村为基本单位，组织开展以国土资源执法和监督为主题的宣传教育活动，将群众认为"不接地气"的土地资源的法律知识和法律规定转化为通过教育和娱乐活动可享受的内容，以更少的努力获得两倍的结果。第三，W 区国土资源部门以微信公众号或百度论坛为主导的新型宣传媒介对群众的影响力继续增强。因此，W 区国土资源部门还可以通过开设官方公众号和官方微博来引起关注，并且每天都要不时地完善或促进国土资源管理的理论和法律知识，从而不断扩大国土资源执法宣传教育的范围。

一方面，根据对 W 区 2009—2019 年非法土地使用台账的调查，非法土地使用的主体主要是个人。尽管这种趋势正在减少，但它反映出一些干部和群众的法律观念模糊，缺乏法律意识和法律精神。个人的非法土地使用情况反映了当地政府的法律宣传和教育不到位，公众并未意识到自己的违法行为或其后果。就对非

法土地批给，占用和土地使用的严重性和危害性认识不足等情况而言，各级政府应加大法律制度的宣传力度，着眼于最新土地法律法规的普及，以及利用"6·25国土日"和"宪法宣传"等现场宣传网络媒体宣传，普及各种土地法的规章制度，发放宣传地图和文字。同时，我们必须利用各种新的媒体资源，切实加强对土地管理法律法规的宣传。此外，为了扩大宣传的影响力，更好地服务于鼓励人民的目的，我们可以模仿司法机关的工作机制，向群众开放人民法院，恢复土地法律法规讲堂，充分维护人民群众的利益，向群众举报非法土地使用案件，通过实例进行教育。

另一方面，建议在全区建立合理解决历史遗留土地问题领导小组，由 W 区政府牵头，区规划和自然资源局设立协调办公室，细化任务，挂图作战，聘请法律行业专家，各镇历任主要领导参与会商解决办法，改变固有的"一拆了之"思路，在符合规划且建设用地指标足够的前提下，能够补办用地手续的效益型企业积极为其出谋划策，对于必须拆除的历史违法用地，提前做好法律宣传，安抚群众情绪，做好拆迁后保障工作。在有效解决遗留问题的同时，通过示范和预防作用，使全区广大群众意识到，国土资源法律法规的严肃性和坚决性，为长效健康执法管理创造有利条件。

（四）完善 W 区国土资源管理法规的应用体系

完善 W 区国土资源管理法规体系建设是国土资源执法监督长效机制的关键一环，是依靠法律部门、依靠群众自觉、依据法律细致管理国土资源使用和管理中遇到的问题的重要保障。

国土资源管理法规细则应立足于本区域内宏观自然资源可持续发展体系的基础上，并应根据国土资源详细类别建立不同的管理法规和规章制度，在理论与实践的过程中不断磨合、不断升华，最终建立《W 区国土资源管理法规实施细则》，以加强国土资源管理法律法规的可操作性。具体保障措施有：第一，W 区设施农用地实施细则，包括本区域内生猪养殖用地建设占地规模、蔬菜基地配套面积要求、农业大棚附属用房用途管制、水产育苗房设置标准等群众最关心的具体法规细则；第二，W 区农村宅基地新建实施细则，包括老旧房屋重建审批流程、困难户宅基地置换规定等；第三，W 区永久性基本农田保护细则，包括基本农田内道路水渠建设细则、破坏基本农田处罚规定、发展林果业处理细则等；第四，W 区集体建设用地使用细则，包括经营性建设用地转让细则、经营性建设用地用途管制细则等。

国土资源管理涉及的法律法规的最新修订方案是修改《中华人民共和国土地管理法》，该法经 2019 年 8 月 26 日全国人民代表大会常务委员会第十三届第十二次会议表决通过。虽然此次修改破除了集体经营性建设用地入市的障碍，完善了许多规定。但单就国土资源执法监督有关法条细则仍然处于十分尴尬的境地，无法找到具体依据意见。例如，农村宅基地违法的界定问题、集体土地违法转让认定标准等。针对这种情况，建议市级国土资源管理部门针对当前国土资源监督执法中存在的问题，提出与基层实际相适应的解决方案和措施，并及时提供反馈和建议。同时，上级有关部门应组织力量对现行国土资源执法监督程序进行征求意见，并邀请专家进行会议审查，形成基层民意调查报告并报告给国家决策部门，最后依法予以明确。同时还应加快地方国土资源法律法规的立法工作，解决因法律法规滞后造成的执法不便，进一步提高国土资源法律法规的可操作性。此外，建议以国务院令，市政府令或自然资源部的通知的形式，阐明地方执法监督部门的具体执法程序和执法权标准，各级国土资源管理部门可以根据实际工作要求遵循法律法规顺利开展执法工作。

（五）加快实施 W 区国土资源执法短期政策

构建 W 区国土资源执法监察长效机制必然会有一定时间的过渡期，因此，加快实施 W 区国土资源执法短期政策是十分必要的，其具体内容如下：一是 W 区规划和自然资源分局每季度定期向区政府汇报目前重点土地执法工作及相应的工作进展，由区政府督促各乡镇政府落实重点任务并设置时间节点；二是 W 区规划和自然资源分局形成重点案件专班制，将执法案件中的重难点单独研判，在职能科室中形成专事专办模式，集中执法力量办大事；三是 W 区规划和自然资源分局联合各乡镇执法队伍对 W 区潜在违法地区加强巡查检查，如每周下设土地规划所会同地方综合执法队伍至少将所辖乡镇农业设施及工业集中地、自然村、基本农田等重点区域巡查一遍，并将结果在下一周业务会上汇报，发现问题及时反馈，坚决打击破坏基本农田等严重违法行为。

四、W 区国土资源部门执法监察长效机制构建的预期效果

预计在建立和完善 W 区国土资源部门执法监督的长效机制后，W 区将有效整合土地资源，有序规划和综合整合行政执法力量，整顿、改革和治理违法用地工作紧密结合，从识别、拆除到控制实行统一管理。这将使违法建设管理和土地卫星监督检查整治工作得以有效落实。

（一）全区国土资源执法监察形成完整执行合力

区规划和自然资源局同区公安、法院等部门要形成横向部门联动。具体来说：区公安部门在办理涉土地犯罪刑事案件时要从严，在行政机关执法遇到暴力阻碍时，依法出警处置，决不姑息；区法院要积极研判涉及土地的行政执法案件强制执行相关细则，破解执行难的问题。同时与镇村各单位形成纵向联动，建立定期会商、现场联合执法，以及微信群进行信息通报等机制。面对拆除类违法用地，根据区级联席会议制度的要求，区政府及时组织规划自然资源局、农委、城管委（综合执法局）、派出所等有关部门召开现场工作会议，制订最优整改方案。

（二）全区国土资源违法行为拆除更合法化

拆除工作应当依法执行，要全面贯彻习近平总书记重要讲话精神，及时恢复土地原貌及耕地种植条件。区综合执法部门、人民法院、各镇政府分别制定了违法建筑拆除的一般程序和集中拆除程序，有效提高了违法建筑拆除的速度和效率，形成了"因害怕制裁不敢违法—明白不能违法—自然而然不想违法"的良好局面。

（三）全区国土资源非法施工预警监控机制更长效化

在基础国土网格化检查的配合下，依托专业部门联合执法，建立执法信息交流制度，通过大数据信息化手段，建立健全预防和控制违法行为的有效机制，及时预防，制止和调查非法施工活动。

结束语

本书阐述了现代测绘技术与国土资源信息关键技术在各领域的应用，增强了国有土地利用效率，间接地提高了国土资源管理水平，为我国经济社会的发展起到推动作用。

本书阐述了现代测绘技术应用与国土资源管理的发展趋势，随着社会的发展与测绘技术的进步，特别是《中共中央关于制定国民经济和社会发展第十四个五年规划和二○三五年远景目标的建议》指出要优化国土空间布局，推进区域协调发展和新型城镇化，构建高质量发展的国土空间布局和支撑体系，我国的国土资源管理事业正进入一个黄金发展的时期。测绘技术不仅是强化国土资源管理专项信息与政务信息的有效平台，而且是自然资源部门进行空间辅助决策与空间数据分析的有效技术手段。对测绘现代技术在国土资源管理中的应用与研究，是很有必要的。

本书主要研究三维激光测绘技术在道路改扩建工程中的应用研究，资源三号卫星遥感影像高精度几何处理关键技术与测图效能评价方法，条纹阵列探测激光雷达测距精度与三维测绘技术研究，主体决策行为对空间规划实施成效的影响机理与实证研究：以土地利用规划为例，基于动态数据驱动技术的地质灾害监测预警研究，城乡一体化地籍信息系统理论与方法研究，现代测绘技术背景下的国土资源信息管理系统设计与实现，现代测绘技术背景下的国土资源管理执法监察长效机制研究等现代测绘技术与国土资源信息应用案例在自然资源管理体系业务中的应用。

以上为本书课题的主要研究结果，鉴于研究时间、研究水平等主客观因素的限制，本课题研究的内容还有诸多需要加以进一步完善的地方，以及一些研究难点需要继续攻克，希望自己能在今后的研究中加以弥补和修正。

参考文献

［1］宁津生，陈俊勇，李德仁，等.测绘学概论［M］.3版.武汉：武汉大学出版社，2016.

［2］缪朝东，陈莉娟.机械测量与测绘技术［M］.2版.北京：北京理工大学出版社，2019.

［3］樊杰.资源环境承载能力和国土空间开发适宜性评价方法指南［M］.北京：科学出版社，2019.

［4］兰井志.国土资源标准的结构和编写规则［M］.北京：地质出版社，2016.

［5］杨木壮，林媚珍.国土资源管理学［M］.北京：科学出版社，2014.

［6］杜娟.数字测绘在地籍调查中的运用［J］.住宅与房地产，2019（15）：206.

［7］谭德宽，易典俊.地籍测绘在国土管理中的应用［J］.黑龙江科学，2019，10（6）：142-143.

［8］陈卫明.浅谈现代测绘技术装备在国土资源管理中的应用［J］.技术与市场，2019，26（7）：123-124.

［9］陈淑娟，王立刚.地理空间数据在自然资源管理中的应用研究［J］.价值工程，2019，38（21）：250-251.

［10］崔巍.对自然资源调查与监测的辨析和认识［J］.现代测绘，2019，42（4）：17-22.

［11］全海燕.GIS测绘技术在土地测量工程中的应用分析［J］.工程技术研究，2019，4（10）：86-87.

［12］刘现印，关海鹰，凌晓春，等.山东省信息化测绘体系建设的进展与思考［J］.山东国土资源，2019，35（10）：76-80.

［13］刘洋.浅谈3S技术在土地资源管理中的应用现状及存在问题［J］.内江科技，2019，40（6）：26-27.

［14］曹仰坤．土地测绘常见问题及对策［J］．住宅与房地产，2019（33）：205.

［15］康卓锋．论三维激光扫描仪在国土测绘工作中的应用［J］．低碳世界，2019，9（5）：52-53.

［16］明慧群．浅谈测绘技术在土地资源管理中的应用［J］．中小企业管理与科技，2019（34）：159-161.